U0166437

机械产品优化设计及方法研究

崔华丽　赵慧真　郭晓聪　著

吉林科学技术出版社

图书在版编目（CIP）数据

机械产品优化设计及方法研究 / 崔华丽，赵慧真，
郭晓聪著． -- 长春：吉林科学技术出版社，2022.11
　　ISBN 978-7-5578-9860-1

　　Ⅰ．①机… Ⅱ．①崔… ②赵… ③郭… Ⅲ．①机械设
计 Ⅳ．① TH122

　　中国版本图书馆 CIP 数据核字（2022）第 201507 号

机械产品优化设计及方法研究

著　　　崔华丽　赵慧真　郭晓聪
出 版 人　宛　霞
责任编辑　李　超
封面设计　树人教育
制　　版　树人教育
幅面尺寸　185mm×260mm
字　　数　220 千字
印　　张　9.75
印　　数　1-1500 册
版　　次　2022年11月第1版
印　　次　2023年3月第1次印刷

出　　版　吉林科学技术出版社
发　　行　吉林科学技术出版社
地　　址　长春市福祉大路5788号
邮　　编　130118
发行部电话/传真　0431-81629529 81629530 81629531
　　　　　　　　　81629532 81629533 81629534
储运部电话　0431-86059116
编辑部电话　0431-81629518
印　　刷　三河市嵩川印刷有限公司

书　　号　ISBN 978-7-5578-9860-1
定　　价　60.00元

前　言

随着经济发展水平的不断提升，机械制造行业面临着更加激烈的市场竞争，而要想在其中取得一席之地就应不断对机械产品的设计与结构优化设计进行优化。基于此，本书对现代化机械产品设计的原则、特点及结构优化设计的应用方向展开分析，并提出加强各学科知识综合运用及提升设计人员专业素质等策略。现阶段人们对机械产品提出了更高的要求，为获取更多的市场份额，机械制造行业应不断优化机械产品设计，延长其使用寿命。总体来说，优化机械结构设计是提升产品质量的关键所在，相关设计人员应不断提升自身的专业素养，合理运用多学科专业知识，从而为提升我国机械制造业发展水平奠定基础。

所谓的机械产品设计的结构优化技术，指的是以系统优化为基础，通过运用设计方式提升机械产品质量，进而满足实际生产需求与设计方案。现阶段的机械产品是以相同类型的产品为模板，通过加工工人的工作经验来确定设计方案，而且在完成产品加工后，要对机械产品进行检测，确保其符合质量标准。但是此过程需要消耗大量时间成本，并会留下安全隐患。结构优化技术则是根据尺寸优化与拓扑优化技术，通过科学设计方式制订最佳的设计方案，不仅可以提升设计效率，还能使机械产品精度更高，保证产品质量，实现机械产品的创新，与实际市场需求相符，帮助企业在市场中获得更多的市场份额。

对于机械产品设计的结构优化来说，这是一项复杂的工程，涉及的知识面非常广，与各个专业学科都有交集，如计算机技术、数学、数据分析等。在对机械产品进行设计时，要从多方面进行考虑，明确设计方案是否具备可操作性。首先要从工程宏观角度出发，将设计系统中不同的设计内容通过相对应的知识设定目标函数，对函数变量进行优化，对每个模块都进行精心设计，找到其中的联系，并对其进行整体组合，确保优化设计方案中的完整性。

根据市场实际需求，通过对设计方案进行变革，保证机械产品的创新性。随着社会的发展，企业要想在市场中获得竞争力，创新能力尤为重要，进而让企业在激烈的市场竞争中立于不败之地。在进行创新改革时，要打破传统观念的束缚，创新思维要与时俱进，紧跟时代步伐，深入市场进行调研，设计出能够满足市场需求的机械产品。

机械产品对于我国的经济发展至关重要，社会将关注点更多地放在了机械产品的设计与质量方面，因此要降低产品残次率，利用结构优化技术保证产品质量，使企业能够更好地发展。

目　录

第一章　机械产品优化设计概述

第一节　机械产品的失效分析

定义机械产品失效因素有以下几种：一是机械产品无法得到有效应用，不能有效达成工作目标；二是机械产品仍有工作效用，却无法满足人们对其既有功能的预期；三是机械产品受损严重，无法发挥应用能效，需对其进行更换或修理。通常情况下，丧失额定功能的设备、系统、零部件均可定义为失效机械产品。为使我国工业生产水平不断提升，需明晰机械产品失效原因，结合机械产品应用需求，探究机械产品失效分析流程，旨在提升机械产品应用成效。

一、分析机械产品失效原因

（一）零件失效原因

在分析零件失效原因前需搜集整理与之相关的失效信息，为零件失效分析提供理论支持，具体分析方略可从以下几个方面进行：一是零件失效形式。分析零件失效形式是分析机械产品失效原因的前提，它关乎机械产品失效分析综合成效。通常情况下，对零件断裂失效、变形失效、表面损伤等情况进行分析，同时需对失效形式划分层级，明晰每一层级失效现象产生的原因，达到机械产品失效分析目的。其中变形失效、表面损伤及断裂所引起的失效为一级失效，腐蚀失效、磨损失效、蠕变断裂失效、低应力脆断失效、塑性变形失效等为二级失效，电化学腐蚀及气蚀、热疲劳、高周疲劳、低周疲劳等为三级失效。以此为由分析失效原因，建立机械产品失效分析体系，提高其失效分析精度。二是零件失效机制。零件在化学及物理效果作用下依据某种应用需求产生，当零件化学及物理性能发生本质变化时，其会出现分子尺度上的和原子尺度上的结构变化，并与其性质变化、宏观性能变化相关联产生失效机制，这对研究机械产品失效必然性、失效规律、失效本质具有积极意义，能够避免出现机械产品失效误判的消极现象。

（二）整机失效分析

以整机为单位找到零件失效顺序、直接失效原因、间接失效原因，统筹整机失效原因，找到整机失效主因，从该因素着手展开系统分析。有时造成整机失效原因无法归结于某个零件，整机也会因零部件出现系统失效现象，为此需工作人员结合整机服役实况，从整体到部分对零件状态展开分析，达到提高整机失效分析质量的目的。

（三）机械产品失效分析方法

系统工程诊断法、理化诊断法是机械产品失效分析的常用方法。其中理化诊断法可针对生产工艺、失效强度、机械产品服役条件展开系统分析；系统工程诊断则依据机械产品展开全方位、立体化分析，主要由鱼骨图分析法、故障树分析法、失效模式分析法、特征分析法、事件树分析法等分析方法构成。依据机械产品分析需求灵活选择分析方法，提高机械产品失效分析质量。

（四）判定失效原因

在确定失效机械产品后，工作人员选择失效分析方法，对与之相关的失效分析信息进行研究并得出失效原因。基于机械产品能效不同，配置元件存在差异，为此引起机械产品失效的原因较为复杂，通常情况下可分为内因与外因两个部分，其中内因主要是指机械产品结构设计、材料品质、加工工艺等因素，外因主要是指机械产品工作环境、服役条件、荷载条件等因素。造成机械产品失效的原因具有一定普遍性，通常会因环境条件、应力因素、零件质量、材料强度产生失效现象，工业生产企业可以此为由可探究规避机械产品失效之良策。

机械产品失效判定原因可从以下几个方面进行分析：一是设计因素。机械产品因尺寸、结构及生产工艺设计不当出现失效现象。二是工艺加工因素。机械产品对工艺加工具有一定要求，如有些产品对热成型工艺的温度有所限制，一旦出现过烧、过热现象，将出现机械产品失效现象。三是材料因素。机械产品生产制造需要材料，材料刚度、耐磨系数、稳定性等因素对机械产品性能有所影响，若材料无法达到其工艺性能制造标准，将会出现机械产品失效现象。四是使用因素。机械产品在使用过程中需遵循相关规定，一旦使用方法不得当，出现违规操作，产品运维不及时，将造成机械产品失效现象。

二、探讨机械产品失效分析流程

为使机械产品失效分析更富体系化、科学化、系统化，并能引导工作人员高效完成机械产品失效分析工作，需结合以往工作经验，从以下几个方面探讨机械产品失效分析流程：一是整合失效机械产品相关信息。为提高机械产品失效分析质量，工作人员需要收集该产品服役条件、应用实况、运转工况、维修等各类信息，将其以档案形式进行整合与存储，为展开科学高效的分析提供依据。二是审核信息。工作人员对机械产品历史信息进行审视并选择分析方法，整合同类机械产品失效文献，用以充实现有分析信息，为提升机械产品失效分析成效提供依据。三是制定机械产品失效标准。为使工作人员明晰机械产品失效分析方略，提高该产品失效分析质量，需制定机械产品失效标准，用以判定该产品失效程度，将与之相关的观察、实验及理论类信息整理归档，必要时拍照留据。四是使用失效分析技术测试机械产品。对机械产品进行宏观分析、金相检验、微观分析、化学成分分析、尺寸测量及力学性能等测试，确保机械产品失效分析全面、系统、科学、高效。五是对机械产品及其所在整机进行失效机制、失效形式进行诊断。六是分析机械产品失效顺序及原因。有时在同一整机内会有若干产品同时出现失效现象，为使机械产品失效分析更富成效，需要工作人员通过分析，明确相关产品失效顺序，找到产品失效前因后果，为得出整机失效缘由，提出改进建议与防范规程奠定基础。七是制定失效分析报告。依据机械产品失效分析实况，对分析内容进行整理并得出分析报告，同时将报告及资料整理存档。

随着我国科学技术飞速发展，机械产品失效分析朝着智能化方向发展，将人力从繁重的分析工作中解脱出来，同时可提高分析精度，避免人为因素对分析结论产生消极影响。例如，工业生产企业将失效辅助分析系统纳入机械产品管理体系中，主要对产品服役实况进行全天候监管，并运用其在线诊断、检测、预测技术，及时调控机械产品使用性能，在其失效前做好优化工作，通过失效辅助分析系统提早发现机械产品异常情况，助力工业生产企业及时挽回经济损失，降低机械产品失效分析难度。除应用计算机软件提高失效产品分析质量外，工业制造企业还需依据自身发展实际需求，将建设失效案例库纳入其战略性发展规划体系中，设立机械产品失效分析部门，及时更新、收集、整理失效案例库内信息，为提高机械产品综合质量奠定基础。

综上所述，机械产品在使用过程中会出现失效现象，影响工业制造企业运营成效，为此工作人员需明晰机械产品失效原因，掌握零件失效、整机失效因素，灵活运用机械产品失效分析方法，精准判断失效原因，结合以往工作经验，得出符合工业生产企业良性发展的机械产品失效分析流程，确保分析全面、科学、系统、高效，在提升机械产品失效分析成效的同时，用先进的科学技术完善既有机械产品失效分析流程，为工业生产企业良性发展奠定基础。

第二节　机械产品的设计与规划

一、设计环境规划

产品设计活动必须与环境相关。例如，"项目团队应该设计什么样的产品？"此问题直接受环境约束。有必要选择合适的产品和合理的产品开发时间，为企业带来经济效益。设计产品的最终质量也受环境影响。只有符合相关法律和自然环境要求的产品才能进入市场。因此，可以说"环境"对设计有很大的影响，有必要研究设计环境。设计环境规划的研究主要体现在两个方面：一是总结产品设计的环境影响因素；二是提出合理的产品设计环境规划方法。

产品设计的环境。影响产品设计的环境因素客观存在，并在很多方面表现出来。从方便分析的角度来看，它可以分为三类：社会环境、自然环境和技术环境。社会环境包括政治、经济、人文、法律、国际和人际关系；自然环境主要是生态环境的要求，包括环境保护和资源利用；此外，还有技术环境，如研发团队、物质资源、实验条件等。影响产品设计环境中产品设计因素的例子表明，所有环境因素都会对产品设计产生一定的影响。因此，在设计规划中必须仔细考虑设计环境。由于设计环境的存在，产品设计面临两种可能性，即环境威胁和环境机遇。设计师应努力避免开放环境的威胁，积极把握环境机遇，使产品设计能为企业带来经济效益和社会效益。

设计环境规划。产品设计环境规划的最终目标是回答：应该开发哪些产品？你想开发这个产品吗？开发这个产品有哪些优点和缺点？这些问题的答案可以作为环境规划报告设计的重要组成部分，可以从产品定位、设计环境分析和合理的设计环境配置三个方面分析设计环境规划。

（一）研发产品的位置

研发产品的定位是产品设计环境分析中首先要考虑的问题。这里的定位包含两个含义，一个是专门开发的产品，另一个是在这些产品中开发的产品的等级定位（高端、中端和低端的分类）。可以看出，研发产品的定位是一个战略问题，直接决定了待开发的产品能否为企业或项目团队带来实际利润，因此我们必须仔细分析。实际的产品定位分析可以从两个方面来考虑：市场相关因素分析和技术相关因素分析。与市场相关的因素包括产品需求、产品价格、类似产品的市场份额及市场购买力等。获得这些因素的最直接方法是进行市场调查。技术的相关要素包括技术发展的难度、技术人才的能力、发展所需的时间等。通过对企业或项目组的实际调查，也可以获得这些要素。在获得上述因素后，我们应该使用数理统计、技术经济分析、风险分析等方法来形成产品开发报告。

（二）设计环境分析

在研发产品的准确定位的基础上进行设计环境分析。它以产品开发为核心，比较社会环境、自然环境和技术环境的要素。分析的目的是确定哪些环境因素是有益的，哪些是有害的，并为下一步合理分配设计环境提供基本数据信息。通常，作为企业或研发部门，它对产品研发的政治、法律和人际环境有清晰的认识，并能很好地控制与之相关的机会或威胁。在实际的设计环境分析中，我们通常会特别关注直接影响产品开发的环境因素，如竞争对手、我们部门的研发能力、新兴技术的影响、产品生命周期等。为了科学地分析上述要素，我们通常需要进行研究，然后需要运用决策技术、系统分析方法等手段进行分析和研究，形成设计环境分析报告。

二、设计理念规划

思想决定了生活，思想决定了设计。思想或概念的进步对促进社会发展起着重要作用。想法不是具体的方法，但它们可以指导具体方法的研究。思想是具体方法的基础。产品设计是基于知识和经验的复杂创意活动。成功的设计也必须来自正确的设计理念。因此，在产品设计之前，有必要确定产品的设计思路，即指导设计师进行设计工作的动作指南。规划设计的思想是通过对待设计产品的分析来确定整个设计工作的指导思想。

三、设计目标规划

设计目标是设计师通过实际设计工作最终实现的状态或级别的功能描述。在整个设计工作中，设计目标非常重要，过高或过低的目标都不利于产品设计，影响企业的最终利益，因此规划设计目标也是一个战略问题。

四、产品设计的业务层规划

在设计策略层面，确定要开发的产品、设计环境、整个设计的指导思想和要实现的设计目标。一般来说，设计策略层面规划解决了"做什么"的问题。对于设计规划研究，下一步工作应侧重于设计目标，规划"如何解决问题"，即设计业务层规划。规划和设计业务的具体工作包括确定设计的具体内容，选择合适的设计方法和规划合理的设计过程。这种规划水平的结果直接影响整个设计过程的效率和设计的质量。因此，应采用相应的分析方法进行系统、全面的论证。

五、设计检验层规划

根据传统观念，设计检验应在产品设计和制造完成后，或者甚至在用户实际使用一段时间后才能进行设计测试。然而，这种"后测试"显然难以适应当前竞争激烈的市场环境。因此，我们应该在设计阶段考虑产品设计的质量。同时，我们还应该在设计规划阶段规划和研究设计检验。

六、研究思路

本节从系统工程的角度出发，研究了产品设计规划的相关问题。目前，机械产品设计的主要研究内容包括以下三个方面：

1.明确产品设计规划的研究内涵

产品设计规划是整个设计过程的心理预览。通过系统分析影响产品设计的因素，形成产品设计规划报告，指导实际设计工作，确保设计高效、高质量地完成。目前，国内外对产品设计规划的研究仍集中在一个方面,尚未成为研究体系。产品设计是一个系统工程。因此,设计规划的研究不应局限于一个方面,而应从系统工程的角度加以考虑。

2. 总结可用于产品设计规划研究的相关技术或方法

与设计的具体实施相比,研究方法的技术要求不是很强,更需要参与者的创造性思维。但是,设计规划并非没有规则。系统分析方法、过程建模技术、知识工程和模糊数学理论可以应用于设计规划。此外,还可以建立计算机辅助计划系统。通过相应的知识库,可以建立合理的规划流程,实现产品设计的快速规划。

3. 根据其性质,许多设计规划工作可以分为三个层次:策略层面、业务层面和检查层面

设计策略层面包括设计环境的规划、设计理念和设计目标,设计业务层面包括设计内容的规划、设计方法和设计过程,设计检查层面包括设计潜在问题的分析和规划、设计检验策略。

机械产品设计规划的研究涵盖了管理学、力学、信息学等多个学科。研究具有较强的层次性。目前,这方面的研究还不够系统,许多学者需要全身心投入这方面,提出更科学的决策模型和方法。

第三节　机械产品质量保证的要求

一、影响机械产品质量的因素

(一)产品市场

机械产品在生产时,一般要进行大量的投资,所以为了使产品的质量能够更好地满足客户的需求。机械产品生产之前,一定要对产品市场的需求及供应情况进行分析,并且根据这些分析来设计和生产机械产品,才能使机械产品的质量得到保障,才会使产品的定位更加的清楚,从而完成客户的需求,对企业的发展发挥良性的作用。

(二)产品设计

机械产品生产制造前,首先要对产品的类型、大小规格及功能等方面进行设计,设计的主要内容以对产品的需求为根据。企业只有有了市场需求导向和准确的产品定位才能进行产品设计,并且在设计初稿出台后,还需要经过严格的审批制度,这样才能正式进入生产流程,否则,机械产品的质量容易受到影响。机械产品的设计想法和最终的产品设计都要规范化、合理化,在进行生产之前,解决所有的工序存在的隐患问题,这对产品的质量及产品的使用效果都有着巨大影响。

（三）产品制造和产品的使用

机械产品在设计好之后，需要开始执行制造任务。在执行的过程中，要参考设计图纸中的主要数据，几乎所有的制造工序都要以所涉及的图纸为主，避免机械生产过程中个人操作不当而对机械产品的质量造成影响。在机械产品制造时，一定要加强对产品质量的监督，为生产良性机械产品制造条件。机械产品在销售之后，制造商可以根据客户反馈过来的要求和建议对机械产品进行调整。企业人员要整合客户提出的要求，为机械产品质量的提升提供有效的依据，做好机械产品的售后服务工作，保证机械产品坏了之后，客户能够找到人修理，这对维护企业的形象十分重要，同时能够获得更多的客户，提高企业在市场上的竞争力。

二、检验产品质量的步骤与方法

（一）检验产品质量的过程

在产品质检中，可以分为三个阶段，首先需要检验产品的市场定位和功能，对于一款新型产品，如果上市后市场的反响不够理想，那么企业先要从源头进行测试，考虑生产源头是否存在问题。比如，是否有市场调研不够准确、无法把握客户需求的情况存在。企业在设计和生产某一种产品时，需要从多个角度考虑，既要迎合市场，又要充分满足不同的客户需要。其次，在产品设计的阶段，设计师不仅要考虑产品设计的可行性，还要考虑设计过程中选用的材料和结构是否合理。合理的材料可以更好地发挥产品的价值，对产品的后期维修保养也有非常重要的帮助，这也是产品质检非常重要的一部分。最后，要做好产品生产阶段的检验工作。一个产品是由不同规格的零件组成的，任何一个零件在生产中出现故障都会影响产品的整体质量。因此，这一环节的检验工作也是产品质量检验的关键所在。在检验过程中，必须要掌握产品的结构尺寸、设计参数等。

（二）检验产品质量的方法

目前，随着科学技术的不断发展，产品质量检验方法也变得越来越多样化，可是在实际应用过程中，主要使用两种检验方式：一种是抽检，产品检验人员为了提高检验效率，节省检验时间，会在一批产品中抽取一部分产品进行检验，通过抽样合格率来分析产品检验是否合格。另一种是全面检验，也就是所有的产品都需要检验。这种检查虽然耗时较长，但在检查过程中更加精准，也是目前很多企业使用的一种检查方式。全面检验主要适用于产量低、质量要求高的产品。

三、提高机械产品质量的策略

（一）生产全过程落实对机械产品的质量控制

机械产品的质量不仅指的是机械产品的本身，还包括市场销售质量的控制。所以在提升机械质量方面，首先要对生产项目做详细的市场研究，分析机械产品以后在市场上的前景。在确认完所要制作机械产品的市场需要及它存在的价值之后，方可进行产品的设计和制造任务。机械产品零件部分的材料直接影响着产品质量的优劣，在进行机械制造之前要对零件的生产做好督查。

（二）分析并设计机械精准度

机械的精准度是判断机械产品质量好坏的主要因素之一，在设计产品之前，需要加强对产品的强度及产品精准度的设计。人们逐渐开始重视对精准度的把控，精密设备和精密仪器成了企业生产机械产品好坏的标配。误差是机械产品生产过程中最容易遇见的问题，它会对机械的精准度造成影响，从而影响机械产品的质量。误差是不可避免的，但我们可以减小误差，逐步分析出现误差的原因，减少误差带来的损害，只有减少了误差的产生，总体的机械产品质量才能得到保障。

（三）运用智能化的现代技术

未来的发展中机械将会更趋向于智能化，随着科技的进步，机械产品也会运用智能化的方式进行制造。智能技术将会在一定程度上减少人工劳动，并且机电产品的设计也需要人工智能去参加。在使用智能化技术后，人们能够充分地利用计算机计算精准度高的特点，总结出可实施的方案，从而有效地降低机械产品生产过程中人为原因而产生的误差。

（四）选择优秀的测试方法并仔细分析测试数据

目前，机械产品的质量检测方法多种多样。在具体的检验工作中，工作人员要学会根据产品性能、材料、结构等实际检验需要，选择合理的检验方法，比如对大量的电子机械设备进行检验时，很难使用全检的办法。因此，在检查过程中，工作人员要客观、认真地处理测试数据，特别是要保存好原始数据，这样也能够方便后期的比对检查工作。

随着科技水平的日新月异，机械产品质量的要求也在不断提高。因为机械产品的质量及精准度的要求较高，所以机械产品的质量不仅对生产商和销售商很重要，也对客户十分关键。根据具体的情况做出应对的策略，加强对产品质量的管控，从而保障机械产品的质量。笔者以影响机械产品质量的原因和如何保证机械产品质量的问题为主发表自己的见解，希望能对相关人员有所帮助。

第四节　工程机械产品节能与环保设计

近年来，随着我国社会经济的发展，机械制造业成为我国国民经济的基础，为各行业都提供大量的机械设施设备。国内基础设施的建设力度加大，对工程机械设备的需求量逐年递增，社会公众和政府部门对工程建设行业的节能环保要求更高，大型工程机械设备，对能源、物资材料的消耗量巨大，也会给外界环境带来巨大的污染。如何在工程机械产品的设计中高效利用能源，利用资源，再对外界环境进行保护，是我国当前工程机械发展中面临的新问题。因此，工业机械产品设计和节能环保成为社会公众焦点，是当前机械制造行业发展的关键。

一、工程机械产品设计中的节能环保

在生产工业机械产品时，先要设计出产品设计图纸，机械设备发动机要使用低能耗的部件，这是当前设计师主要考虑的问题。目前，一些发达国家在对污染物排放制定新的法律法规时，污染物排放使用新标准。发动机是污染物排放的主要部件，因此使用新型的技术方法，来降低发动机污染物的排放量，并且要降低设备运行时的噪音值、振动值，大型的机械设备设施，要求做好降噪减震等处理，也是整个设备设计的难点。如何去贯穿以人为本的思想理念，要求设计师有开阔的思维，发动机的进气门和排气门会出现大量噪声，并对于这两部分的噪音值的抑制，要通过使用消音器来消除噪声，并且要保证发动机运行得更加稳定。此外，要及时做好液压方面的系统防渗和清洁工作，由于系统中的污染颗粒物是导致液压系统故障的重要原因，常常会造成系统置换性提升，造成控制设备失灵及响应缓慢的问题产生，严重的话，可能会诱发自然灾害事故。因此液压油的清洁工作比较重要，在设计过滤器时，要重点考虑设备安装、过滤材料等几个方面，要及时地将液压油中的杂质去除，减少元器件的磨损和故障发生概率，延长设备的使用寿命，进而防止给环境带来的破坏，进行系统高效节能的设计。厂家通常为了满足施工场地的变化，发动机一般的运行设定在功率最大值，这样就能够满足不同的设备运转需要。但是发动机转速比较高，会耗费大量的燃油，因此动态节能的模式，要根据不同的负载不同状况来调节油耗，这样才能够节约能源。在设备冷却系统中，节能液压等新技术的应用会最大化减少能源的消耗，也节约了能源，保护了外界环境。

二、环保材料的使用

环保材料在机械设备设计中使用，可以实现设备保护外界环境、节约能源材料的目的，因此选择材料和资源，都需要秉持着可再生原则来使用，在加工制造产品时，首先要对这些材料和能源尽可能地回收利用，在结构设计时，要使用容易分解及可以装配型材料，有效提高材料利用效率。其次，在选择环保性材料时，要遵循着节能好、寿命长及负荷低的设计原则。站在环境保护角度，来综合考虑各个产品及零部件通用性及互换性，确保主机设备性能达标，降低主机装置、重量及体积，进一步提高零部件的耐久性，也能够提升机械设备系统的运行高效性。选择对外界环境破坏影响较低的材料，在制作零部件时，不能选用一些有毒害物质的材料，如石棉、树脂、氟利昂等材料，这些材料都会给外界的环境带来破坏，会污染大气。

三、工程机械产品的人性化设计

人性化设计在当前产品设计中占比更大，人性化设计对当前产品设计制造体系都有更大的影响。设备的操作人员在使用设备时，人性化设计能够提高人员操作设备的灵活度，而且不会影响到工程机械的运作效率和工程建设质量，提高工作的效率。同时，设备设计制造的节能环保性，也是当前重点考虑的内容。

近几年，国内工程机械设备设计人性化，有了更大的发展，在驾驶室设计领域，要获得突破性发展，一些设计人员在设计座椅时，加入了加热空气悬浮座椅，可灵活调节座椅。在进行工程机械车辆的天窗设计时，会使用防紫外线透明玻璃天窗手柄设计，也集成了多项功能。有些自动的换挡设备、可调试转向启动器和故障自动诊断系统，搭配了美观的色彩，对司机的工作环境也是极大的改善，可以有效地解除司机的疲劳，使机械车辆的工作效率大幅度提升。

集中润滑系统与自动加脂的装置配置，也有更高要求。过去多使用手动加脂方式，会耗费大量时间，机器里添加的油脂过多就会溢出来，这也给周边的环境带来更大的威胁。在现阶段，工程机械设备的环保要求性能都得到了提升，不同形式自动定时润滑设施设备，也得到了使用，如液压随动式的润滑油泵，可定时给油，还可以提高设备润滑性能，使设备降低了油脂的损耗，也提升了设备的节能环保性。

考虑到设备外观美学的要素，机械设备产品外观都是以笨重形态展现，新型环保节能的产品，对外观样式比较关注，要使机器与外界环境相协调，给人们以美的感觉。可以给工程车辆配备曲线型玻璃罩，其几何形状与整个车体几何形态相匹配，外观造型更加赏心悦目。

工程机械设备操作的舒适性和可靠性也有较高要求。从当前机械设备技术发展机制来看，电子化控制技术，成为未来发展的必然路径。在控制方面，引入计算机控制终端，能够使企业产品保持更好的运行状态，而且可以实现自动诊断功能，有效降低了发动机燃油损耗，也使机械设备可靠性保持更高的水平，而且使操作更加简单，更加便捷。

节能环保是当前工程机械设备未来发展的新趋势，因此要把握市场信息，重视在源头开展产品节能环保设计，这样才有助于推动整个工程机械设备设计行业的稳定发展。节能环保产品的使用，可以提高产品的绿色化、经济效益，可以为企业制造公司获得更多的经营空间，促使公司持续稳健可持续发展。

第五节　非标机械产品质检流程合理化

非标机械产品不同于标准化机械产品，在设计、生产过程中存在着很大的区别。非标机械产品因其数量少、专业性强及功能特殊，质检问题表现更为突出和复杂，质检流程也相对混乱。完善非标机械产品质检流程，将更有利于促进提高非标机械产品的质量。

一、质检中存在的普遍问题

（一）质检文件不完整

质检文件作为产品的体检单，在加工过程中一步步体现着产品的质量。如在某个环节忽视质检，则整个产品将处于失控状态，暴露在质量问题风险之下。质检文件的不完整则意味着加工过程控制环节设置不明确。质检过程中的漏检是质检文件不完整的另一种表现形式。通常，质检文件不完整大都可追溯到加工环节的漏检。

（二）质检重点目标不明确

非标机械产品不同于其他标准产品，它的检验流程和检验重点目标相对来讲具有特殊化、个别化、多元化的特点。每件产品都对应一个不同的检验流程及不同的重点目标，质检及监造人员如果对产品检验的重点参数指标不明确，则实施检验随机性较大。对重要指标的把控存在较大偏颇，容易导致最终检不出影响质量问题的决定性因素。

（三）质检工具不齐全

使用质检工具是实施检验的一种手段，无合适检验工具或常规的检验工具无法实施检验的现象常出现在非标机械产品检验过程中（如产品超长、超宽或是特制时）。质检过程中曾发生过使用高精度的检验工具对非标机械产品进行常规检验，这导致了生产成本的额外增加，甚至出现检验成本和生产成本倒挂的现象。

（四）质检流程不完善

质检流程作为程序性文件的一种表现形式，应以时间顺序或是工艺的节点顺序对整个产品的加工程序进行控制。不合理的检验时间和检验顺序，将直接导致某些检验数据的缺失及准确性的降低。质检过程中曾发现使用大量的零散检验记录代替顺序化、系统化的质检流程文件来指导质检，检验过程相当混乱，漏检或检不出已有质量问题的情况时常发生。

二、问题分析和相关对策

上述问题的出现存在着许多人为的因素，更多的是因为质检流程设置得不完善、不规范，掩盖了诸多的质量问题。通过对流程合理化设置是解决上述问题的一种最直接的方法。具体流程设置可从以下四个方面着手：

（一）对接质检文件

质检文件的不完整，往往是出于时间因素或成本考虑，在生产加工过程中对某些零部件实行了免检放行操作，这在外协厂家生产加工时表现尤为突出。由于非标产品往往数量不多，外协厂家在产品交货时通常不提供完整的自检文件和自检记录，单件非标产品较系列化、标准化的机械产品而言，则存在更高的质量风险。在产品复检验收时，产品通常已加工完毕，由于缺少检验过程记录，检验人员对产品在各工艺流程中的质量把控难度增加，有些过程中隐含的技术指标也将很难溯源。

针对质检文件不完整问题，因质量管理体系中要求记录可追溯，所以，可通过共享质量管理体系的作业文件的相关部分，制定统一的质量检验作业标准，对该产品的加工检验记录进行对接。

要明确非标产品检验的各个阶段和各阶段的硬指标。图纸设计完成后需分发工艺人员会签，明确图纸的工艺可行性并反馈给技术部门，使工艺和设计工作相互促进、良性循环。检验的各个阶段及各项硬指标将由设计部和质检部共同撰写确认，由工艺人员落实到加工工艺流程中。

将各阶段自检报告记录强制纳入非标产品质保文件。这样在第三方现场验证及最终验收检验时，可对验收发现的不合格指标及其产生原因进行追溯，便于发现不合格指标的产生环节及对严重性程度进行判别。对于外协产品，还能在一定程度上防止厂家隐瞒不合格指标，对产品质量问题人为地造假欺骗、蒙混过关等行为。

（二）明确质检重点目标

非标产品设计完成后通常具有较为完善的图纸和引用的标准，外协产品还提供相应的技术协议。但是，将图纸中的指标、标准及技术协议中的指标落实到质量检验和最终实施检验时，通常还存在一定的距离。不明重点的实施检验，往往会出现不同检验人员检验标准不一的现象。

加工工艺流程认可后，质检重点目标可在其基础上，由质量部与技术部门一起进行明确，编制非标产品检验流程，对重点指标和常规指标进行排序，并分解成记录表的形式分发给实施检验的人员。

（三）规划质检工具

产品检验的手段和方法是多样的。同一产品，不同检验人员可以采用不同的检验工具实施检验。非标产品检验亦是如此。鉴于在对非标产品的某些指标进行检验时，常发生超出常规检验工具测量范围的情况，有些专用非标件甚至可能无法找到合适的常规检验工具来进行检验，规划质检工具便成为检验得到有效实施的保障。

非标产品质检流程确定后，应在质检流程的基础上对检验工具和检验手段进行明确，对具体检验工具的使用方法和检验实施的步骤进行准确详细的描述。对某些缺少的检验工具预先进行采购。对于专用的、成本过高的检验工具，可自行组织设计制作或外协。对于成品检验困难或检验工具昂贵的指标（如跳动、平面度、平行度等），可变向采用在加工过程中随机床自检和多方共检的方式实施检验。

如按上述过程仍不能达成经济、准确的检验，可协调设计部门对某些技术参数进行相应合理的调整和控制，使质检和设计工作相互促进、良性循环。

（四）制定系统的质检流程

质检流程文件作为指导质检的纲领，指导着质检的实施和产品加工制造的有序运行。系统的质检流程文件加上有力的检验管理监督，会使产品质量的可控水平得到大幅提升。制定系统的质检流程主要表现在以下两个方面：

1. 检验节点的顺序化

非标质检流程应根据加工工艺的特点，按照加工工艺的先后顺序，将检验节点进行排序，先检什么，后检什么，哪些需进行随机床检查，需一一进行明确，形成顺序化的检验记录表，并将其与加工工艺卡一同下发，做到加工、检验紧密结合。

2. 检验项目的统筹化

非标质检流程中应对各检验项目的相互制约关系进行明确，尤其是牵涉到跨专业、跨工种的技术指标的检验，更需要进行系统的考虑和安排。将技术要求和检验要求落实在同一工序和同一记录表中，统筹考虑。

非标机械产品的检验与系列标准化的机械产品虽然在检验流程方面存在一定程度上的区别，但在后续检验管理监督上又存在诸多的相似。通过对发现问题的分析、判定、过程控制和持续改进，会对非标机械的产品检验、产品质量、项目进度管理及制造水平产生正向推进作用。

第六节　机械产品质量控制与抽样检验

在机械产品的生产线上，企业要进行专业的技术操作，才能够彻底保证产品的质量，除了生产线上的技术安插之外，我们还能够通过加强相关的产品质量监管来保证机械产品的高精密性和特有的功能特性。一般而言，质量监管的手段主要是以产品的质检进行实现的。在检测中，能够更好地将在生产中由于一些原因而造成的残次品及不达标的产品进行筛选和淘汰。这样一来进一步保证了进入市场和进入消费者手中的产品属于达标的优质产品，更好地做好客户的服务，本节就将从机械产品的影响因素、检验对象、检验步骤及检验办法等多个方面进行更深一步的研究分析与描述。

一、对机械产品进行质量控制的概述

在进行产品的质量控制的过程中，企业都是通过专业的技术手段，在生产第一线就将不符合标准的产品予以淘汰，大大提升了出厂产品的合格率，这是在车间生产的过程中最常用的一种质检手段。我们不难看出，好的质量控制手段才是产品优秀的前提标准。对产品的质量保证主要体现在材料质量、设备工艺及人员技术这三个方面。首先，机械产品的质量问题要从源头抓起，对产品的原材料进行严格控制，这样能够为优质的产品做好第一道防线。其次，在生产的工艺上也是不可马虎的，对相关的机械设备要进行有条理性的周期检查，对设备进行按时保养，保证其能正常地运行。最后，应该对制作产品的工作人员进行事前专业培训，充分调动员工工作的积极性，从而降低在产品制作时可能出现的人为因素，从细节方面减少差错，保证产品质量。

二、机械产品质量的主要影响因素

（一）产品的市场调研质量

要想制造出满足顾客需求的机械产品，就必须提前进行详细直观的市场调研，在把握好产品方向之后才能将产品的质量、功能特性做好准确的定位。一旦满足了客户的需求，就能保证企业单位的经济收益，进一步开拓产品市场。

（二）产品的设计质量

在做好市场调研、准确定位产品特性的基础上，才能展开后期产品制作等工作。首先就需要完成产品的设计初稿。从产品的构想到最终的设计定稿，都应该逐步实现规范化，因为这将直接决定产品的最终效果，牵涉到企业单位的经济效益。

（三）产品的制造质量及使用质量

在产品设计工作全部完成之后就要对产品进行制造。在制造整个产品的过程中应该依照设计图纸上所明确的规格及要求等方面来操作，从而使生产过程中减少人为原因形成的质量的影响，对产品的制作环节和制作设备检测的管理进行严格的把控。从客户开始购买到使用产品后，客户会对产品在各个方面中有些更好的意见和更高的要求，这是需要后期对客户使用产品时所产生的建议进行收集和分析，从而使产品不断地完善和更好地适用于客户，这样会赢得更多的客户认可，并且要对产品的售后服务进行加强。

三、机械产品检验的常规步骤

机械产品检验的过程重点可以划分为四个步骤。第一，因为不同的机械产品在效果、使用的功能及使用的方法上都是不同的，因此不管是产品在小零件还是在整体上都是有些不一样的产品性能。所以产品在检验的时候一定要对其产品的自身特点和功效及性能具有明确的认识。第二，机械产品的质量特征要具有明确的分辨。这主要是因为每个产品在性能上都有所不同，因而结构、材料等也会产生不一样的特征。其中部件部分就具有功能、结构、部件连接灵活性及使用寿命的差异，而零件部分则因为所选材料性能的不同而显示出结构尺寸、几何参数等特征的不同。其中部件部分具有结构、功能、部件连接的稳定性和使用时长的区别，而零件会因为选择的材料性能有所不同，结构尺寸等相关特征也会有所差异。那么通常会选择抽样检验，其原理就是随机从一个批次或多个批次中抽选一部分的产品，代表整个批次的产品接受检验，其检验结果将适用于整个批次的产品。第三，在产品检测中，我们还应该注意对测量设备及检测精度的要求。测量精度一般由检测设备的精度决定，这就需要我们在选择检测设备的时候，不仅要考虑设备的精密性还应该考虑到设备的成本问题。所以大批量的机械产品一般会选择专业仪器进行测量，而小批量的产品就会选择通用的量具进行精度的测量。

四、机械产品检验办法

通常而言，对机械产品进行检验包括检验原材料、加工过程中的工序及最终的产品质量三个部分的内容，是一般的产品检验不可或缺的三个工序。首先，对原材料的检验，是为了保证要用好的原材料进行产品的加工生产才能达到高质量产品的目标。其次是对加工过程中的工序的检验，因为在加工中很有可能会出现一些纰漏，必要的检验能够及时发现问题的原因及时进行弥补，避免不必要的损失产生。最后，就是对成品的检验，这部分的检验通常是抽查检验，从一个批次中选择一定量的产品进行检验，这样的检验能够在一定程度上保证生产的一个批次的产品没有问题，能够进一步保证产品的质量。

分析产品的检验方法，通常来说，对机械产品的检验方式包括五种常见的方法：

①几何量的测量方法，这种检测方式主要是对产品的外观、尺寸等一些外在性的要求进行测量，常用的方式包括激光反射法及观察法。②力学方面的检测，这方面检测主要是为了对机械产品的硬度、延展性及变形等方面的性能。③金相分析法，这种方式测量主要针对产品的内部结构及一些细节部分问题的检测，属于较为精细方面的产品检测。④断口分析法，这一方式检测是为了对产品是否存在一些裂纹、断裂等问题进行检测，主要运用的是宏观及微观的直接分析。⑤科技含量较高的一种检测方式——无损检测法，主要通过比较先进的科技手段，超声、涡流及射线等方法进行检测，主要是判断产品的内部缺陷问题。这五种是我们目前常见的检测方式，在实际操作中，检测人员在对机械产品进行检验的时候，主要是结合产品的功能、结构力学及使用寿命和负载能力进行有针对性的检测，这些检验方式有别于其他的检测方式，但是最终都是通过对产品进行日常应用来获取相关的检验结果。

随着科学技术的不断发展和创新，消费者在选择产品时对其质量和性价比的关心程度日益提高，这也使得机械产品的市场压力越来越大，这就要求我们的企业必须在产品的质量上做足功夫，在保证质量的基础上，提升性能，从而达到增加市场占有率的目的。要加强对机械产品的质量控制，就需要就其质量检测建立起相关的管理体系，更加行之有效地对整个生产流程加以控制管理，保证产品的质量。

第二章 机械产品创新设计

第一节 机械产品结构设计

在众多领域都需要机械产品结构设计，且设计内容与要求也大不相同，但是一般而言，结构设计都具有相同的原则与要素，加强对该方面内容的分析，能够有效提升机械产品结构设计水平，实现对设计方案的完善，制造出具有市场与品质的产品，为企业创造更大的经济效益，为用户提供更加优质的使用体验。另外，良好的机械产品结构设计还能够很好地满足产品在性能、外观及环保等众多方面的要求，实现对产品的不断改进。

一、机械产品结构设计的基本要素

（一）几何要素

机械产品的结构一般是由零件的几何形状及衔接方式的不同决定的，而结构设计的几何要素则通过零件的表面来决定。一般情况下，大部分零件都具有较多表面，表面之间的衔接不仅能够决定产品的结构，其还对产品的性能产生很多的影响，因此，实现对产品零件几何要素的控制对结构设计水平的提升来说有着非常重要的作用，设计人员需要对结构的尺寸误差、外观美感及衔接位置等几何参数进行充分的考虑与分析，从而创造出能够满足某一性能的多种结构，为设计人员提供更大的比较空间与挖掘潜力。

（二）零件衔接

零件的衔接是决定产品结构的重要因素，不仅需要应该考虑产品的外观美感，还需要充分结合产品的性能进行分析，产品的性能对零件衔接位置提出了一定的要求，如在减速器中，传动轴的中心衔接位置就具有一定的标准，轴线需要保证平行，这样齿轮才能更好地吻合，而传动轴距离也应该满足相关的精度要求，只有这样，减速器才能更好地发挥作用，因此，在结构设计中，对于两个零件的衔接位置，应该从产品结构的整体进行分析，保证衔接位置的确定不会影响产品的性能与外观。在一般情况下，产品的零件越多，则说明结构设计的难度越大，其精度要求也会随之提升。

（三）流程分析

流程分析能够为机械产品结构设计水平的提升提供一定的保障。首先，设计人员需要对产品的功能进行一定的分解，明确各功能对应的零件形状、大小及结构等，并将其合理拼接，确定该产品的大概结构；其次，设计人员需要绘制清晰的产品结构草图，大致计算各大零件的尺寸与位置，再组装成一个系统的产品结构，设计人员在草图绘制的过程中，应该注重对常用、普通零件的使用，降低产品的制造难度；最后，设计人员应该对结构进行全面的分析与计算，如可以通过工作面的更改，减小结构空间，减少材料使用，这对产品制造来说具有非常重要的作用，因此，设计人员需要通过全面分析明确最佳的设计方案。除此之外，设计人员还需要对产品结构进行更加深入的完善，如其需要通过对荷载力的分析，优化产品结构，从而降低产品在后期使用过程中的磨损程度，提升产品的使用寿命。

二、机械产品结构设计的相关要点

（一）设计创新

在一般情况下，机械产品的结构设计主要包括功能与质量两大内容，对于产品功能，结构设计体现在材料、技术及使用可靠性等方面，而质量设计，则应该在满足各大要求与标准的前提下，提升产品的性价比，为其市场的拓展奠定基础，这是现代设计的特点。设计创新是在满足以上要求的基础上，通过一定的结构设计，创造产品在安全、环保及价格方面的优势，如利用变元设计，能够构造出更佳的结构空间，节省材料，提升产品性能与内涵，这都将成为机械产品结构设计的竞争优势。

（二）优化方案

机械产品结构设计具有一个重要的目的，即优化方案，在一般情况下，结构设计主要是在大量的设计方案中找到具有可行性的最优方案，首先，设计人员应该创造出众多可供选择的方案；然后再对挑选出的方案进行一定的结构优化，在材料、衔接方式及外观等各方面挖掘方案的优化潜力；最后，再使用变元法赋予结构设计一定的内涵，对变元法的使用应该在明确产品主要结构的基础上拓展出多种的其他结构，从而实现对结构的变元。不断地变元与比较，有利于设计人员选出最优的设计方案，从而设计出更具有市场与性价比的产品，为企业创造更大的经济效益。

（三）提升结构设计质量

机械产品结构设计质量的提升一般从结构的强度、精度与硬度三大方面入手。第一，为了满足结构的强度要求，在设计过程中工作人员应该最大化降低结构的悬臂长度，从而提升结构的牢固性与稳定性；第二，在产品的使用过程中，极其容易产生振动，从而造成各大零件的摩擦，因此，为了避免零件变形对结构稳定性的干扰，设计人员应该尽量降低局部压力的传播，避免产生结构受力不平衡；第三，设计过程中，应该避免由于零件拉力增大造成结构扭曲,因此,设计人员应该重视对材料的选择与应用,减小产品结构在局部受到的强度冲击;另外,结构设计应该严格遵循阿贝原则,从而更好地避免精度误差的产生,降低对结构的损坏。总而言之,提升机械产品结构设计质量对提升产品性能来说起着非常重要的作用。

综上所述,机械产品结构设计对于我国制造业的发展来说起着非常重要的作用,目前,大部分企业都十分重视产品的结构设计工作,因此,相关的设计人员需要从选材、工艺应用及方案选择等众多方面加强对结构设计水平的提升,不断完善与改进设计方案,从而进一步提高产品的质量。机械产品结构设计工作需要综合能力与专业水平,只有对产品各个位置的技术要点都有充分的掌握,才能够设计出最佳的产品结构方案。

第二节　机械产品模块化设计

早在 20 世纪初,德国就已经产生了模块化设计的雏形,当时只是在家居设计领域进行应用,直到 50 年代,模块组成的铣床和车床的出现为机械产品中的模块化设计树立了新的里程碑。模块化设计在 20 世纪 60 年代在我国取得了显著的成果,随后得到了快速的发展。基于模块化设计的互换性、易于改善及适用于大批量加工的优势,其在生产设计中起到了越来越重要的作用。

一、模块化产品优势分析

模块化后的机械产品主要具有以下几个特点:

(一)模块化结构具有互换性

零件满足互换性是机械设计和制造中最重要的要求之一,模块化后的机械产品易于满足互换性的要求。相同工艺和要求的产品能够互相替换,维修时只需找到相关的产品,直接对其进行切换,大大简化维修程序,降低维修成本。

(二)适用于大批量加工

机械产品加工中每个模块在设计和加工时其功能就已经被确定下来,成为能够实现某些特定功能的单元。模块化产品在设计时可以找专门的人负责,然后进行试制,最后进入大批量生产,更改和试制中可根据具体的要求对模块化产品进行改进,完善模块化产品功能,进而使产品质量得以提高。模块化产品设计出来之后可根据工厂分工的不同,找相关技术具有优势的工厂对其进行加工,满足产品大批量加工的需求。

(三)为新产品开发提供可能

日渐激烈的市场竞争中,产品创新成为一个企业会不会被淘汰的一个重要指标。产品结构新颖、产品功能优化、工作效率高,企业才能够立于不败的地位。传统机械加工方法是在产品整体的基础上进行设计和优化，虽然最后能完成优化的任务，但难度高、产品开发周期长、人才需求量大。采用模块化设计的方法，针对每个产品不同的功能，对每一个部件分别进行优化，将落后的部件进行剔除，然后替换成先进部件，从而改进整个产品的功能和质量，提高企业生产水平，提升企业利益。

（四）减少产品设计研发周期

机械产品都是利用不同功能的零件和结构的产品进行组合。模块化产品避免了在更新机械产品结构或性能时因为修改某一结构的内容从而使整个产品失效的可能，减少了产品更新周期，更加适用于市场需求。

二、模块化设计方法

（一）模块划分

模块划分是模块化设计的基础和前提，划分时应尽量利用少的模块组成功能更完善的机械产品，并满足机械产品的精度要求、可靠性要求等内容。现阶段，模块化划分主要根据功能模块划分，基于结构模型的模块划分等几个原则。在设计的过程中，应综合考虑模块划分原则的通用性、可操作、执行性、模块继承性及生命周期性等多个评价指标，根据侧重点不同选取相关的模块划分原则，从而保证设计的有效性。针对复杂的情况，模块划分也可以采取不同的划分原则进行结合。

（二）基于结构特征的设计方法

①机械结构对产品的性能起到了至关重要的作用，通过分析结构特征的方法对产品进行设计，第一步先要对零部件的特征进行分析，对零件进行归类划分，通过分析各类零件的功能，在保证机械功能不变的基础上用尽可能少的零件完成产品，尽可能地减少加工中心步骤，减少困难工艺所占的比例，但又尽可能地不影响产品质量。然后根据几何形状找到相似的零件族，然后基于零件功能要求和几何约束要求，设计标准模块，使模块化产品能够适用于各类机械产品，并为模块化产品接下来的设计内容提供约束和方案。②根据国家和行业的相关标准，在不影响该模块功能的前提下，更改产品设计参数满足应用的要求。③设计模块产品模型。模型的建立是产品设计中最关键的一步，主要是通过合理设计产品尺寸、产品间关联关系从而达到目的。在以后的修改中，可根据各个尺寸之间的关联关系，在基本模块中输入某一组数值即可得到模块的改进版本。

（三）侧重功能分解的设计方法

功能分解设计方法是另外一种设计模块化产品的重要方法，主要包括顾客需求分析、产品要求分析、产品概念分解、概念集成及方案评估等几个方面的内容。模块化产品设计是服务于用户的，是以顾客为中心完成的，分析时根据与顾客沟通，结合全球贸易环境和行业现状，设计模块化机械产品。

三、现代设计背景下模块化设计的发展趋势

现代设计的主要内容就是利用 CAD、CAE 及 CAM 等技术在虚拟环境中对产品进行设计和性能分析。模块化设计与虚拟制造技术进行结合能够完成快速设计、大规模定制等要求，满足应用需求，未来也会是设计和研发的重点内容。

（一）大规模定制

为了满足不同顾客的实际需求，企业会根据顾客的要求利用生产技术和管理方法在同一时间段内集中生产大量的同一规格要求的产品，这种大规模定制的生产模式有利于参与市场竞争，并且这种模式在国内外的许多企业中已经初具规模，但是当前还存在着生产效率低和成本高的难题。在大规模定制生产模式中，模块化设计在该模式中占有非常重要的位置，能够有效解决机械产品结构繁琐、功能复杂等问题。

（二）快速设计

为了快速迎合市场的需求，快速设计这种新的设计理念开始出现，使用这种理念的目的在于保证产品质量的同时，大大减少产品设计的开发周期。和计算机集成、并行工程、敏捷工程和精良工程相比，这种方式的优越性在于，可以将各个功能模块提前设计好，然后根据客户需求进行组合连接，可以实现快速投入生产。目前国内的机械产品的快速设计模式起步较晚，生产水平和其他发达国家相比还存在较大的差距，而且，我国的模块化设计内容还多停留在计算机辅助设计和制造的基础阶段，还达不到智能化设计的要求。除此之外，从机械产品更新速度和要求来看，模块化设计朝着快速设计的方向发展是必然趋势。

（三）与虚拟设计与虚拟制造技术相结合

虚拟设计和虚拟制造技术在计算机技术的带动下现在已经成为机械设计加工领域最热门的研究热点之一。虚拟制造是指利用计算机在虚拟环境中对产品进行模型设计（CAD），然后利用 CAE 和 CAM 技术进行评估，并对生产过程进行仿真模拟，尽可能地避免生产加工中的问题，减少零件损坏，达到机械产品设计的最优目标。

虚拟模块化技术是基于虚拟设计与模块化设计相结合得到的设计方法，利用虚拟技术，模块化设计的全过程可在计算机上进行，避免了传统设计模式下的浪费材料、设计周期长、且工作环境恶劣的缺点。除此之外，现代设计技术为模块化设计提供了便利性，尺寸和参数计算更加方便可靠。计算机会自动存储模块化设计的标准，使设计更加方便可靠。

当前，机械产品中的模块化设计主要在模块划分的基础上，利用基于结构特征的设计方法和侧重功能分解的设计方法进行设计，并朝着快速设计、大规模定制及虚拟设计的方向发展。

第三节 机械产品的造型设计

过去，我国机械产品制造企业多将设计重心放在产品功能、耐久性、强度、安全性、可靠性等方面，这使得我国机械产品性能和整体质量得到了不断的提升。与此同时，我国机械产品也普遍存在造型上守旧不变、粗犷落后的情形，这在很大程度上制约了我国机械产品品质的全面提高和发展。现阶段，越来越多的发达国家将机械产品造型设计视为产品设计的重要内容，使得其机械产品的功能与外观实现了高度的统一，同时也彰显了机械产品的人性化理念。在此背景下，重视机械产品造型设计问题，并积极总结和实践机械产品造型设计思路和方法显得极为必要。

一、机械产品造型设计要点

（一）造型设计与机械设计相结合

传统的机械产品设计思路是先进行机械产品的内部机构设计、连接设计，通常会设计一个箱体来承载机械产品的装置、部件，完成箱体设计后再进行外观设计。由于这种设计思路对产品造型设计造成了较大的限制，因而难以使产品外观具备美感和特色。因此，要实现创新性的机械产品造型设计，就要首先实现造型设计与机械设计的结合，即在机械设计阶段就考虑造型因素。这一方面需要产品的机械设计、造型设计人员均具备良好的机械设计功底，又要具备一定的审美素养和艺术知识；另一方面也需要造型、机械设计人员之间的协调沟通，以保证成品造型与功能的协调性。

（二）造型设计与新材料、新技术的应用相结合

近年来，我国在新材料研发方面取得了诸多成就，将新材料应用于机械产品造型设计，不但能提升产品造型的现代感、艺术感，更有助于改善产品性能。因此，结合机械产品性能要求与外观风格选出物理性能、加工性能、化学性能优越，且具备富有美感的肌理、色彩、光泽的新材料，并将其应用于机械产品造型设计，不失为提升产品造型水平的有效途径。

除此之外，各类新技术，包括计算机技术、大规模集成电路、数控、机电一体化技术，以及工程注塑、精密冲压、精密锻造、塑料电镀、粉末冶金、3D打印技术等的产生，也为机械产品的造型设计带来了许多新的可能。

（三）强化情感因素的运用

将情感因素应用到机械产品造型设计中，对于优化用户体验和改善使用者的工作状态有着重要的意义。因此，应本着"以人为本"的原则，设身处地地考虑使用者所在的工作环境、生理构造、情绪和心理等，并充分考虑到地域风俗、民族、信仰乃至气候等因素对

使用者的影响，进而最大限度地提升机械产品造型带给使用者的舒适度，满足其作业时的生理、心理、审美需求。

二、机械产品造型设计的基本思路

（一）遵循形式美法则

随意搭配的形态、色彩、肌理给人带来凌乱感，为了保证机械产品造型的简洁、美观，在造型设计时应严格遵循形式美法则，并运用形式美法则处理好产品外观中统一与变化、对比与协调、对称与均衡的关系，进而使产品外观协调、优美。例如产品内分界面设计时，应遵循黄金分割、黄金螺旋、均方根比例等法则，使产品的造型呈现出和谐而具备美感的比例关系。

（二）增强造型时代感

时代变化影响着人们的审美需求，因此在机械产品造型设计过程中应关注时代审美特点，把握机械产品样式、色彩、肌理流行趋势，以迎合客户和使用者的审美取向。目前，机械产品的造型以简洁、大方、规整为主要风格，因此设计师应把握好这一设计风格，在此基础上结合客户需求灵活调整、合理创新，以保证机械产品造型的时代感。

（三）合理搭配产品色彩

色彩是机械产品在人们视线中最直接的部分，它直接影响着使用者的心理感受，因此优化色彩设计无疑是提升机械产品造型水平的有效途径。机械产品外观色彩主要分为主色彩和辅色彩：主色彩是指产品的主体颜色，是机械产品色彩体系的基调，具有较大的着色面积，设计师应结合客户的要求和使用者所在环境选择主色彩，此外，应将色彩的冷暖感、轻重感等因素考虑到主色彩设计中。辅助色是主体颜色的搭配色彩，它能够体现产品的造型特色和机械产品制造企业的个性，因此一般可将企业或品牌的代表色作为辅色彩。通常，主色彩与辅色彩的色彩种类不应超过三种，应根据产品的功能、外观特征合理搭配。

（四）灵活运用金属材料表面处理技术

金属的表面处理工艺主要有金属表面着色工艺和金属表面肌理工艺两种。表面着色工艺是指采用电解、化学、机械、物理、热处理等方法，使金属表面形成各种色泽的镀层、膜层或涂层。金属表面肌理工艺是通过锻打、雕刻、打磨等工艺在金属表面制作出的肌理效果。机械产品的主要材料为金属材料，未经特殊处理的金属材料长期使用过程中会发生锈蚀，而采用表面处理技术对其进行处理，不但能改变其光泽、肌理，使其具备独特的外观，更能增强其抗腐蚀、耐酸碱、耐高温能力，因此可结合产品材料类型灵活运用金属材料表面处理技术，以增强产品造型的艺术感，并改善产品性能。

随着机械制造工艺的不断进步和人们审美需求的不断提高，机械产品设计已经不能再满足于良好的功能和可靠性，而是应将艺术理念、情感要素等广泛应用到产品造型设计中，以拉近人机之间的距离，改善人机之间的关系，改变人们的工作环境。本节给出了机械产品造型设计的要点和一般思路，具体实践中，应结合机械产品的实际功能、使用场合、使用者特点等采取针对性的造型设计策略，以尽可能地实现机械产品功能与外观的协调性，实现机械产品造型的艺术化、人性化设计。

第四节　机械产品的可靠性设计

产品可靠性是产品在规定条件下和规定时间内，完成规定功能的能力。产品可靠性设计就是在满足性能、费用、时间等条件下，使设计的产品达到满意可靠性要求的过程。产品可靠性是设计人员在设计过程中赋予产品的固有属性，产品的可靠性设计是产品可靠性的首要条件与有力保障。

可靠性设计起源于电子产品领域，现已渗透到机械产品及其他学科领域，并逐渐渗透到社会科学领域。现代化机械产品可靠性设计不仅涉及传统的机械设计技术的应用，还融合了系统工程、价值工程、环境工程和计算机技术等新兴工程或技术的应用。

一、机械产品可靠性的特点

机械产品可靠性有不同于电子产品可靠性的独有特点，我们需要深刻认识并认真分析这些特点，然后在机械产品可靠性设计中做出科学决策。

（一）失效模式的多样性与复杂性

机械产品的失效模式与其材料、结构、载荷等密切相关，尤其是模式之间还存在一定的相关性。机械产品要实现同一功能，采取的结构形式不同，相关零部件所处的应力状态就不同；规定功能的失效模式可以是疲劳、老化、堵塞、渗漏、松脱等或它们的诸多组合；一个零部件可能有多种失效模式，同一失效模式可能发生在不同部位。失效模式的多样性增加了失效机理分析的复杂性。

（二）零部件通用化、标准化程度低

机械产品的功能零部件多数是非标准件，只有少数零部件如轴承、密封件、阀、泵等实现标准化、通用化，供设计人员选型设计。多数零部件因功能不同、结构各异，只是将其特征参数（如齿轮模数、液压缸直径等）进行标准化设计。设计人员在设计时，要考虑零部件的载荷、几何尺寸、材料性能等因素具有分散性和随机性，因而难以像电子产品那样统计其失效率。

（三）产品耐久性地位突出

机械产品的零部件失效既有偶发性失效，也有损耗性失效。后者失效机理多数与磨损、

腐蚀、老化等损耗过程相关，有渐变性特点，通常用极限状态准则来判断渐变性失效。电子产品以偶发性失效为主，用失效率为常数的数学模型来描述渐变性失效就受到限制。机械产品除可靠性参数外，还要反映耐久性参数、机械产品及其功能性零部件的可靠寿命。

（四）可靠性数据收集困难

机械产品数量少，价格昂贵，体积大，实验室获取足够容量的样本比较困难；实验室台架试验只能模拟主要的使用环境，现场试验有些影响因素又难以控制，获得的试验数据可信度较低；同时，损耗性失效试验周期较长，有时只能靠实际使用才能获得，造成数据收集困难。

二、机械产品可靠性设计应遵循的原则

在机械产品可靠性设计中，需遵循以下基本原则：

（一）传统设计与现代设计相结合原则

虽然传统的安全系数法存在不足，受到了严峻的挑战，然而，它有直观、简单、易懂、设计人员工作量减小等优点，且基本能满足机械产品的可靠性要求，尤其是不重要的情况或影响因素复杂且难精确分析的情况，有丰富经验基础的传统安全系数法很有价值。目前，大多采用现代概率设计的理念优化完善传统的安全系数法，对一些条件成熟或精度要求高的关键零部件进行可靠性概率设计。

（二）定量设计与定性设计相结合原则

机械产品的失效包括偶发性和损耗性两种，因其失效机理不同，应当在设计中分别予以考虑。可靠性设计主要针对偶发性失效，决定产品多长时间失效一次；耐久性设计主要针对损耗性失效，决定产品的可靠寿命。一般认为，偶发性失效服从指数分布，失效率为常数；而损耗性失效多服从威布尔分布，失效率为时间的函数。

（三）可靠性设计与耐久性设计相结合原则

定量设计是根据应力和强度分布，建立极限状态函数关系，对可靠性进行定量的分析和计算，设计出满足规定可靠性要求的产品。定向设计是在进行失效模式影响及危害性分析的基础上，有针对性地应用成功的设计经验，设计出达到规定可靠性要求的产品。但不是所有的性能指标都能定量表达或定量计算出来，仅实施定量设计无法解决全部的可靠性问题。对于一些不宜或无法采用定量表达的可靠性要求，采用定性设计就尤为重要。定性设计可检查设计人员是否考虑到潜在的故障模式，避免重复过去发生过的故障，以确保机械产品的设计质量和可靠性。

三、机械产品可靠性设计的方法

机械产品处于正常状态还是失效状态，与所承受荷载密切相关，产品结构一旦确定，

结构所承受的极限荷载就确定了，这个极限荷载我们一般称为临界荷载。当外在荷载远小于结构临界荷载时，产品可以正常工作；外在荷载大于结构临界荷载时，产品可能失效发生故障。现代可靠性设计利用相关软件完成三维模型设计，然后，约束条件施加规定荷载，进行应力、强度分析与计算。但是，材料强度和载荷分布的数据缺乏实际依据，再加上模型受力分析所考虑的影响因素往往少于使用中的实际因素，其推广应用受到了一定限制，一般只在关键零部件的设计中使用。机械产品所承受的荷载不同，所设计的功能结构也就不同，且其可靠性又有系统可靠性和零部件可靠性之分，这就需要对机械产品的结构、损耗及故障等情况进行全面综合考虑，然后，有针对性地进行产品设计，提高整机的可靠性。

（一）系统故障的预防设计

在运行属性上，大多数机械产品都属于串联系统，其中任一单元发生故障而失效时，系统就会因丧失规定的功能而失效。因而为确保机械产品整机的可靠性，设计者就需要关注产品设计细节，从小零部件就得严格控制设计质量：首先，优先选用符合要求的标准件和通用件，严格按设计标准进行设计选型；其次，选用得到应用或试验验证的零部件，充分利用已有的故障分析成果，对成熟的设计经验或验证后的设计方案进行优化设计。

（二）功能结构的简化设计

机械产品大多是串联系统，简单可靠是机械产品的基本设计原则，也是机械产品提高可靠性降低失效率行之有效的方法。因此，在满足规定功能的前提下，应优先采用结构简单的机械设计。设计者若能简化结构设计，减少零部件数量，就能提高机械产品的可靠性。需要指出的是，简化设计不能因为零部件数量的减少，而使其他零部件执行超常功能或在超常荷载条件下工作，否则，将实现不了提高可靠性的目的。

（三）零部件的降额设计

降额设计就是让零部件的实际承受应力低于其额定应力的一种设计方法，实施路径有两种：一是降低零部件所承受的荷载应力；二是提高零部件的结构强度。实践证明，在低于额定应力条件下，大多数机械产品故障失效率较低，可靠性较高。可以通过限制使用条件来实现应力变化的减少，以减少结构强度变化。对于关键零部件，可采用极限状态设计法，以确保零部件在最恶劣的极限状态下也不发生故障。

（四）零部件的余度设计

余度设计就是对完成规定功能的零部件，设置重复功能机构的一种设计方法，其目的在于当局部零部件发生故障而失效时，整机或系统设备不丧失规定功能，以确保机械产品的运行稳定性。当机械产品局部零部件可靠性要求很高，通过传统的设计方法又无法实现，或者提高可靠性的优化费用比重复设置还高时，余度设计就成为一种较好的设计选择。例如，采用双泵或双机配置的机械系统。余度设计设有重复结构，其重量、体积、成本均相应增加。需要指出的是，余度设计提高了机械系统整机的可靠性，但基本可靠性会相应降低，制造成本会相应增加，因此，设计时应慎重选择。

综上所述，机械可靠性设计是将概率论、数理统计、物理学和机械学相互结合而形成的一种设计方法。其主要特点是将传统设计方法中视为单值而实际上具有多值性的设计变量，如载荷、应力、强度、寿命等看成某种分布规律的随机变量，用概率统计方法设计出符合机械产品可靠性指标要求的零部件和整机的主要参数及结构尺寸。

随着计算机技术的发展，模拟结构力学分析模型日趋完善，计算机技术辅助设计、有限元分析等新技术将得到广泛应用，但不管如何发展进步，现代可靠性设计方法绝离不开传统的可靠性设计方法，二者的有效结合才是设计者的最优选择。

第五节　机械产品工艺装备的设计

新工业时代背景下，对机械产品的数量有了更高的需求，同时对生产加工质量、效率也有更高的要求，工艺装备因其在结构与功能上能在生产加工过程中有较高的灵活度、精确度与针对性，在工业领域被广泛应用。因此，应加强机械产品工艺设备的科学合理设计，促进生产加工水平的提升，使生产操作人员能迅速掌握工艺装备操作要领，为提升机械产品生产质量与效率奠定良好基础。

一、工艺装备概述

工艺装备简称为工装，应用于机械产品生产加工过程，是一种为产品工件提供准确加持与定位的设备或工具，具有一定的工艺要求。借助工艺装备能让机械产品进行切割或其他外力作用时始终维持一个稳定正确的位置。工艺装备的种类可按方向的不同有多种划分方式，但主流的划分方式为两种：一种是依据设备的类型来划分，如车床、磨床、钻床、铣床等；另一种是依据设备的通用性及使用特点划分，如通用装备、专用装备、组合装备、可调整装备等。

二、工艺装备在机械产品生产加工中应用的意义

（一）保证机械产品加工精确度

机械产品加工对精度的要求很高，这在极大程度上决定了机械产品最终的生产加工质量。工装能在机械产品加工过程中对工件进行夹紧稳固操作，确保工件能长时间稳固在相对准确的位置上，相比传统画线、找正要有更高的精度且更加稳定可靠便捷，确保加工效果的同时提升加工效率。以阀块产品生产加工为例。通常阀块设计都有两组偏心孔，且对这对孔的相对位置尺寸有高度严格的要求，传统的加工工艺方案为先铣，然后平磨，再镗，最后车，在这一系列加工过程中涉及多种刀具种类，也受到了一定的制约，在控制成本不

增加的前提下，只能将这对孔的加工转到车序环节完成，导致增加了一道工序。但是，通过有针对性的工装设备设计运用，利用独特的"一面三销"定位方式，有效化解繁杂的撞削工序，采用普通的刀具就可轻松完成一对孔的加工，确保产品加工的精确度。

（二）降低生产成本，提高经济效益

随着我国经济发展进程不断推移，增长速度逐渐趋于平稳，我国的机械产品生产加工逐渐呈现供过于求的态势，市场竞争日趋激烈，众多工业生产企业要想稳固立足于市场，实现自身可持续发展，必须探索有效路径提升核心竞争力。实践可知，借助工艺装备的应用，能充分提高机械产品生产加工效率，降低成本。机械产品生产加工效率直接受产品加工时间影响，在工艺装备设计技术层面可以采取两种有效的措施：一是优化现有工艺装备方案；二是缩短辅助时间。在实际机械生产加工过程中，可以引入自动化数控设备，确保产品精度的同时提高生产效率。再引入高效的工艺装备，有效缩减画线、对刀等工序，减少辅助时间，提高加工质量，让机械产品生产质量保持稳定，减少废品率，避免工人操作风险，降低对技能水平的要求，从而有效降低生产成本，提高企业经济效益。

（三）节省人力，改善设备作业环境

在机械产品生产过程中应用工艺装备，能在很大程度上对生产加工环节进行简化，从多方面降低劳动作业的强度与难度，从而有效提升工作效率，避免生产安全风险产生。所以，在工艺装备设计方面都会根据实际需求，避免传统的体积、重量较大的工件加工情况，确保只需要简单的装卸工作，就可以降低劳动强度。例如，在进行有两个通孔的长轴加工时，除了采用Ｖ形铁装夹定位法，结合深孔钻床主轴无法进行移动的情况，若加工完第一个通孔进行第二个通孔的操作时，需要进行翻转处理，碍于长轴工件的体积与重量都较大，作业者的操作强度非常大，这时可以优化工艺装备，借助螺栓控制的方式来控制长轴工件的移动轨迹，既能降低劳动强度，确保工人安全，又可提高工作效率，确保生产效率与质量。

（四）拓宽机床加工范围与优化机床用途

对机械产品生产加工的企业而言，机床设备是必不可少的设备之一，发挥着至关重要的作用，企业生产质量与效率很大程度上取决于机床设备的利用水平。因此，为确保企业机械产品生产任务有序开展，促进经济效益稳步提升，提升企业市场竞争力，提高机床设备的利用率是工艺设备设计的重点内容。传统的单件小批量机械产品生产往往由于其产品规格繁杂多样，对应产品数量非常少，加工范围固化单一，呈现出生产设备与产品需求不匹配的现象。所以需要在当前机床设备的基础上进行工艺装备设计，增加机床可生产加工的机械产品种类，优化机床的用途。

三、机械产品工艺装备设计合理性措施

（一）控制工艺装备设计的有效性

工艺装备是服务于企业机械产品的生产加工的，在当前日趋白热化的市场竞争背景下，机械产品更新换代非常迅速，工艺装备的设计应跟上不同机械产品批量投产需求。因此，对工艺装备设计的有效性与准确率提出非常高的要求。工艺装备设计有一套固定的流程，包括设计需求、设计方案、设计评审及工装检验，工艺装备设计的有效性应在这四个环节进行有效控制实施。

（1）设计需求。工艺装备设计开展的前提是有设计需求，结合提供的设计任务书，包括产品工艺路径、工艺规程、机械产品图纸、生产节奏、推荐的定位点等内容。

（2）设计方案。工艺装备设计成功的关键是设计方案的科学合理性。在设计方案确定之前，首先要了解所需生产制造的机械产品目前使用的机床设备型号规格，明确设备生产加工范围、当前定位及加工的精度；熟悉机械产品生产加工工艺的流程，以及对之前或之后的工序、定位点的位置有清晰了解，确定统一的要求定位标准，避免定位点位置产生的误差。其次要了解生产的机械产品零部件尺寸、精度、材质、表面及内在的粗糙度、允许公差、装配关系、在机械产品中的位置与作用；深入生产作业及应用现场，了解使用工艺装备的实际工况，征求相关工作人员的意见及建议，特别是拥有丰富操作经验的操作人员，必要时可以开展调研活动，确保工艺设备设计符合人机工程。

（3）设计评审。设计评审环节对工艺装备有效性起着关键作用，能起到事半功倍的作用。在评审团中应有专业的现场工程师与工艺设备实际使用操作者，他们的使用体验是最真实、最有效的，通过设计评审环节能有效弥补设计方案环节的漏洞，拓宽设计思路，将设计不断完善，提高工艺装备设计的成功率。

（4）工装检验。应采用现代化的检验方法对工艺装备有效性进行最后把关，如使用三坐标、电子经纬仪、水准仪、射线扫描仪等专业的检验仪器；可以借助还原模型的照相技术将实体还原；还可以借助检测焊接件的扫描式数字成像板，等等。

（二）确保工艺装备设计的高效性

在科学技术高速发展的背景下，机械产品日新月异，更换速度极快，在保证质量的前提下，加快工艺装备设计的效率成为工业发展的有效助力。新工业化的工艺装备设计效率必须匹配现代化的设计方法与科学合理的设计理念。当前新工业化背景下的两种高效设计方法为设计模块化和设计通用化。

（1）设计模块化。设计模块化包含两大方面内容：一是设计参数化模块。生产具有相同功能和原理，只是尺寸与设计参数不同的机械产品零部件时，可以应用的技术包括有拓扑约束、尺寸约束、工程约束，建立系统参数化的模块，只需要输入要更改部分的参数就可以实现对应的尺寸正确调整，立马得到整体结构相同但尺寸大小不同的新机械产品部件。

二是扩展化模块。扩展化模块是建立在基础型产品基础上运用扩展工艺装备功能设计，将固定、基础的机械产品模型存档在公共的位置，方便设计人员按需拷贝，然后根据实际需求快速设计出符合要求的工艺装备。

（2）设计通用化。对工艺装备设计通用化可以从四个方面入手：一是标准件通用化。在进行工艺装备结构设计时尽量优先选用符合国家标准、行业标准及企业标准的零部件，使得零部件具有较高的通用性，不建议弃用标准件自行设计一些形状奇特的零部件，一来不利于提高设计效率，二来会增加零部件制造难度与时长。二是自制件通用化。在标准件均不合适，需要自行研发设计零部件时，在内部也必须坚持标准化、通用化、系列化原则，尽量做到一次零部件设计能满足尽量多的工艺装备使用需求，并将在设计时适用性强、使用率高的零部件做好统一收集归纳整理入册入库，减少重复设计与单件制造的情况，提高效率。三是采购件通用化。密切关注行业工艺装备最新动态与水平，在设计过程中更多选用专用的厂家制造工艺装备的通用零部件，更好地提高设计效率，降低制造时长。四是工艺装备通用化。在工艺装备设计过程中要考虑其通用性，尽量设计更广、适应更多的产品，或者只需要更换少量的零部件就适用于其他产品，就能最大限度地减少工艺装备的数量，减少占用的空间与制造的费用。

（三）保持工艺装备设计的创新性

新工业时代对机械产品有更多的创造性要求，工艺装备只有具备更高的先进性才能适应时代发展需求，这就要求工艺装备的设计保持创新性，在传统的经验法、类同法偏向感性的设计基础上优化为系统、逻辑、理论的设计方法。

工艺装备设计的独创性。在进行工艺装备设计时要敢于突破传统、打破常规，不断探索尝试更加科学合理的新原理、新功能等，让设计方案更新颖特出，独创性强。

工艺装备设计的突破性。工艺装备设计人员要打破惯性思维，从定向思维转向发散思维，不断更新认知，贴近新技术、新领域，接受更多新事物，多做探究研究，寻找更好的设计方案。

工艺装备设计的多元性。在"互联网+"时代背景下，工艺装备不应局限于单一的设计领域，要多领域多学科融合渗透。

（四）加强工艺装备设计智能化

信息时代的到来，计算机技术普及，成为主流的设计工具，工艺设备设计拥有常用高效的设计软件，如 Proe、UG 等，实现智能化处理，通过建模更容易对机械产品加工的工况进行立体描述，包括三维造型、机械动作动画分析等，迅速反映参数调整后的状态，将工程出图的速度与准确度提到最高，大幅度缩短工艺装备的设计周期，让企业更快更早地投入适用的工艺装备，获得更佳效益。同时，工艺装备设计智能化，能减少传统的大量重复修改动作，从根本上减少设计工作量，让设计人员从烦琐重复的绘图、修图工作中解脱，将更多精力投入设计的创新突破方面，不仅提高了设计效率，更提高了设计的质量与效果。

新工业时代对机械产品生产加工提出了更高的要求，需要充分认识工艺装备设计应用的作用与意义，积极探索工艺装备设计策略，包括严格控制设计每一个环节，提高设计成功率及高效性；充分研究模块化设计，缩短设计时长，实现智能化设计，从根本上降低生产成本，促进企业经济效益稳步提升，增强市场竞争力，实现可持续发展。

第三章 机械产品优化设计理论研究

第一节 机械产品数字化设计

数字化设计作为一门应用技术,给机械产品加工制造行业的飞速发展带来了技术福音。在机械产品的加工制造过程中,将数字化设计技术运用于此,极大地提高了机械产品的加工制造能力,亦可打造高水平的产业价值,确保机械产品拥有充足的生产力。因此,将数字化设计技术运用于机械产品的加工制造中,已经成为行业发展和创新的大势所趋。

一、数字化设计技术在机械产品加工制造方面的应用概况

在陈旧的机械产品加工制造中,要求依托组织试验工作来验证机械产品之性能和品质,进而满足产品设计的行业门槛。而数字化设计技术的引入,使数字化设计的整个过程变得条理化、专业化。譬如在进行农业机械产品的加工设计时,将数字化设计技术领域的虚拟仿真技术运用于此,专业设计工作者即可依照机械产品行业的加工制造标准完成虚拟仿真设计。由于数字化设计技术将虚拟仿真技术、信息化技术及三维技术加以系统整合、整体融汇,所因此亦为机械产品设计中的行业标准之遵循提供了技术保障。设计工作者经首度设计后,再根据农机产品的应用现况及行业标准、需求对设计图纸实施科学化的改进和合理化的完善,进而使农机产品完全合乎现实应用之需要,产品设计制造的效率亦被大大地提高。除此以外,机械产品的数字化技术还有相当广阔的创新空间,唯有高擎技术创新的旗帜不动摇,方能保障数字化设计技术应用的规范化、标准化,进而为机械产品加工制造行业的发展添砖加瓦。

二、数字化设计技术在机械产品中的具体应用

(一)变量化技术

复合型建模技术的实际操作已经成为机械产品数字化设计中不可或缺的内容,要实现该技术的应用,首先要确保变量化技术同三维 CAD 技术的有机融合。复合型建模技术不但包含实体化模型,亦有曲面模型和线框模型。由于拥有集成之功能,故该项技术在设计

时往往依照机械产品的具体要求完成对模型的专业化管控和处理，这样做的目的就是使其同机械产品的基本特征相吻合，以便达到精确化的尺寸变更。

（二）虚拟仿真技术

虚拟仿真技术是应用于机械产品设计原型基础之上的，其应用可以描绘出虚拟化的仿真模型结构。CAD 制图可以给机械产品供应专业三维图像，并能把图像转化成数字化模型，接着借助参数数据对机械产品的具体形式和特征加以虚拟化的仿真。以机械产品尺寸及品质为例，借助虚拟化仿真技术，能测试产品的具体性能和特征，降低其中的误差，同时切实减少产品运行后的故障出现率。实践表明，该项技术给机械产品的数字化设计开启了动态化提示，并能完成产品加工制造环节的虚拟仿真。更为关键的是，依托该项技术，产品的设计内容获得了虚拟的机会，显著缩短了其开发周期，机械加工制造的效率被明显提升。

（三）实体造型技术

实体造型技术，顾名思义，旨在完成对机械产品的实体化造型。这项技术的投入使用，能够更加清晰、准确地完成产品现实形状的设计，并能从若干视角窥探产品的实体化造型。该项技术通过运用三维 CAD 描绘设计出产品的形态和样貌，实际上仅仅反映出产品的实体化造型，缺乏反映产品零部件性能的能力，对于复杂的产品品质亦感到束手无策，一定程度上带有技术层面之局限性。因此，该项技术主要用作研讨每个组成零部件的属性信息，这样一来，在产品设计图纸中增加各种零配件就不在话下了。所以，尽管实体造型在应用时有一定的限制，却不影响其发挥在机械产品加工制造中的推动作用。

（四）曲面造型技术

曲面造型技术主要指 CAD 技术，该技术属于改进型技术，运用 CAD 技术 + 三维技术的方式，全面引进二维 CAD 制图设计之方略。由于二维 CAD 可以较为直观、清晰、全面地反映机械产品的尺寸大小、参数大小等基本信息，实际无法观察到机械产品的整个的效果，因此，曲面造型技术便在三维技术与 CAD 技术的基础上应运而生。该项技术将重点聚焦于机械产品的需求层面，产品曲面造型结构由此而出现。在机械产品加工制造过程中，选取模型的外表框架结构，组合成全新的 CAD 造型系统，并用辅助设计之手段，依照实际需求适度地调整产品的曲面造型结构，进而成为初始化的三维视图效果。除此以外，该项技术亦为机械产品的加工制造供应了现成的 3D 化模型，并在数字化技术的引领和带动下，完成了制品的模拟工作。专业设计工作者可以在该项技术的帮助下，事先查看到产品之设计模型，精确把握和认识产品的整体性能和外部形象。事实上，CAD 技术可以在360° 的方位上，给予产品相对完善、可靠的设计信息，便于后续设计和临时变更。

（五）二维 CAD 技术

从宏观视角来看，二维 CAD 技术无疑是产品数字化设计中最早应用的设计技术。该项技术用极短的时间破解了手绘操作技术的短板，凭借大数据时代下日益成熟的计算机信息系统软件，达成了产品数字化设计之目的，同时代替了人工设计。这种技术的应用，有助于减少产品直观参数的设计周期，使专业设计工作者全方位、系统化地认识产品之参数。

（六）参数化技术

参数化技术建立于二维 CAD 技术应用基础上，并同时成功地变革了后者技术的设计样式，更加具体、明晰地展示了参数化技术在设计中的价值。产品制品中的每一项信息数据均拥有互联、互通特点，而且全程化约束的设计特征更为显著，要变更以往设计方案，往往离不开产品尺寸的参数。该项技术正是简化了产品数字化设计之流程，特别是由该项技术所带来的通用型零部件结构，更是为参数化设计提供了较多条件，使产品参数之精确性得到了相当程度上的保障。

三、机械产品数字化设计的技术创新概述

（一）在农机设计方面的应用创新

数字化设计技术的运用已逐步呈现普及化之态势，其技术在农业机械的设计上亦能极大地派上用场。专业设计工作者在农机设计时，往往借助计算机技术生成个别部位的辅助设计，同时亦借助计算机系统的预测性能，对农机自身的性能做出恰如其分的评估，以便完成虚拟化运作，使农机的应用更加称心如意。

（二）以设计技术创新带动数字化设计水平的提高

进入新时代，机械产品的技术创新，首先表现在运用数字化仿真技术加快制品加工的成熟度方面，事实上，这在一定程度上亦考验了数字化设计应有的水准。当然，在数字化设计的技术创新中，组织样机试验依然是不可或缺的环节，通过健全产品数字化设计，保障数字化仿真模型运用能力，使之同虚拟化制造相衔接，进而使产品质量得到保障。当然，在产品数字化设计的技术创新时，还要高度重视创新人才的锤炼，激发人才参与技术创新的内生动力，转化为推动数字化设计的技术源泉，千方百计延长产品应用期限，打造高质量的机械产品。

四、机械产品数字化设计的应用实例研究

本节以纵向轴流收割机为实例，探究数字化设计技术。为应对现代化农业生产的工作需求，需要更多地考虑收割机等机械的体积、重量及效能，纵向轴流收割机结构对称、紧凑、脱净率高、分离面积大，能收割稻、麦、玉米等多种作物，因此，广泛应用于农业生产中，其部件包括拨禾轮、切割器、分离装置等。

（一）拨禾轮的数字化设计

收割机前进时，收割台推开作物，拨禾装置帮助其切割茎秆，拨禾轮的具体作用如下：

①将作物引入切割器；②支撑切割；③将切割的作物铺排整齐，放在割台上，并清理切割器上的残留作物。目前，常用拨禾轮有板式、偏心式两种，适用于倒伏度不同的作物，数字化设计时，多通过实体模型技术，对其不同视图进行设计、观察和调整。

（二）切割器的数字化设计

切割器是收割机最重要的部件，其性能好坏直接影响到收割机的收割质量。切割器应具有将密植作物顺利、快速切割的性能，考虑作物根茎尺寸、硬度等工作情况，设计时，需要用虚拟仿真等技术，检查切割器在运行时是否会产生堵塞、负荷过重等问题，且要考虑其动力损耗、振动等因素，保证其工作的可靠性。常用的切割器有回转、往复转两种形式，多用于谷物收获，切割能力强、切割平稳且功率消耗小，设计中通过实体模型来设计机器的具体割幅、往复运动等工作特性，保证设计的切割器符合工作要求。

（三）倾斜喂入室数字化设计

喂入室是收割时，将作物从收割台推入脱谷部分的结构，作用为推运器作物，并拉薄、均匀地送至机械脱谷部分，倾斜喂入室输送装置有链耙、喂入轮两种结构，设计时，多利用实体模型技术观察、调整喂入室的结构、细节和零部件。

（四）脱粒装置的数字化设计

脱粒装置是收割机实现作物脱离的部件，其性能与脱粒质量直接相关，且对其他工作的分离、清选等工作影响较大，脱粒装置对谷物进行脱粒，将已脱谷粒通过凹板筛分离，脱粒装置有全喂入型、半喂入型两大类。设计全喂入型装置时，根据作物运动的流向进行切流、轴流等不同类型的设计，利用虚拟仿真技术进行检测，保证作物喂入后，可以快速沿滚筒流动、完成脱粒，脱粒时间一般长于滚筒装置许多，因此，需要考虑滚筒的速度，保证各设备间能协调工作。

（五）谷物推运器、升运器及整机装配

谷物推运器、升运器一般联成一体，结构较为简单，可利用实体模型等技术设计和调整。整机装配是机械设计的最后环节，通过虚拟仿真、变量化技术，对模型的整体性能、细节参数进行描述、分析、评价和调整，保证收割机产品一次开发成功，缩短产品开发周期。

综上，现代机械产品设计广泛应用数字化设计技术，不仅提高了产品设计的效率、质量，还缩短了设计周期，节约了开发成本，推动了相关企业和行业快速发展。本节探究了机械产品数字化设计中的曲面、实体、虚拟模型、变量化等先进技术，并以农业机械为实例，浅析数字化技术在机械产品设计中的实际应用，希望能为相关人员、企业提供有价值的参考。

在新时代，要进一步加快数字化设计技术在机械产品加工制造方面的应用进程，搞好各项技术投入和应用，以便为机械制品提供优越的技术支撑和强劲的创新动能，从而形成提高机械产品数字化设计水平的强大合力。

第二节 绿色理念的机械产品设计

目前,绿色设计及绿色制造的理念不仅是可持续发展对生态资源保护提出的硬性要求,也因其能为国家经济谋取长久的利益而深入人心。人们希望借助绿色设计和绿色制造实现资源的重复利用、减少环境污染和生态破坏,这要求设计者和企业家在生产制造的设计阶段,就要考虑所设计产品对材料的再制造、资源的零浪费和环境的零污染等问题。基于可持续发展的机械产品绿色设计理念是我们当代社会及子孙后代赖以生存和发展的基础。下面,主要从机械产品绿色设计的概念和绿色设计对现代机械产品设计影响的角度出发,探究绿色设计理念对机械产品设计过程的影响。

一、机械产品绿色设计的概念

在制造业大背景下,随着并行设计和再制造等概念的提出,机械产品绿色设计也逐渐成为国内众多学者关注和研究的重点。机械产品绿色设计主要是指针对产品生命周期的每一个环节,具体包括产品的设计、生产、使用、废弃和回收五个环节,充分考虑产品的功能、寿命、环保、成本等经济属性和社会属性,在增加其使用价值的同时,将其对生态环境的破坏和资源利用的浪费减小至最低。总之,机械产品绿色设计是一种更全面、更经济、更先进和更生态的设计理念。

在以往的产品设计环节,受产品的功能属性直接决定其经济价值和产品的质量直接决定其使用寿命等影响,设计者和企业家更加注重产品的功能、质量和成本,而容易忽视产品对资源的消耗和废弃后对环境的破坏。为了解决传统设计模式带来的种种问题,绿色设计应运而生。它从长远角度出发,在关注产品经济属性的同时,更加关注产品在生产、使用和废弃等环节对资源的利用和环境的保护问题。当产品报废时,绿色设计不是简单地将其金属零件回炉冶炼,而是针对其各个零部件进行区别处理,实现在产品使用周期内零部件的再利用。此外,绿色设计对设计者和企业家提出了社会责任的要求,即要求他们在设计和生产的诸多环节必须关注产品对资源和环境的影响。通俗来看,绿色设计是以最小的资源浪费和最少的生态破坏实现最多的经济利益,是传统设计的革命性升级与创新。

二、机械产品绿色设计理念的重要性

在全球经济建设飞快发展的今天,人类在共享工业革命创造的财富的同时,也自食着由于一味发展经济所造成的资源枯竭、环境污染和全球变暖等恶果。当这些问题严重威胁人类及子孙后代的生存和发展时,人类逐渐开始意识到经济、资源和环境的可持续发展是多么的重要。纵观人类经济文明的发展历史,可以清楚地看到,可持续发展计划是一项功在当代、惠及千秋后世的战略方针，其核心是以人为本，充分考虑子孙后代的生存空间和发展需求，构筑社会经济发展、资源利用和生态环境协调发展的道路。

作为人口总量占据世界人口1/5，资源平均占有率不足世界平均水平1/2的发展中国家，在相当长时间内处于社会主义初级阶段是我国的基本国情，切实以经济发展为目标导向依旧是我国制定各项国家大计所必须遵循的基本方针。但是，从实行改革开放使新中国发生翻天覆地的变化，到如今综合国力位居世界前列，我国在经济建设快速发展的同时，却忽略了经济建设与生态文明及资源利用的和谐发展，造成大量的生态破坏与资源浪费。当大量尾气和秸秆燃烧排放造成PM2.5指数严重超标，当煤炭燃烧使得雾霾天气严重威胁到人们的出行，当工厂肆意排放污水导致我们的生活用水也间接受到严重污染时，政府和广大人民都深刻意识到只顾发展经济所带来的危害。实践表明，经济的建设和发展需要以资源的循环利用和生态系统的良性发展为基础，而粗放型的经济发展模式势必会违背资源循环利用和生态良性发展的初衷。鉴于此，党中央提出了人与自然和谐发展的可持续发展观，这也就是要求我们国家和政府、企业家和普通人民在谋取经济利益的同时，担负起保护资源和生态环境的责任。

三、绿色设计理念在现代机械产品设计中的应用

先进的设计理念和设计方法可以指导实际生产，从而推动社会经济的发展。综观人类机械产品设计理念和产品设计技术的发展进程可以看出，设计理念的进步对产品设计和制造有着重要的影响。近代机械设计学的发展主要体现在"功能"思想、"人机学"思想和"工业设计"理念发展三个方面。设计方法服务于产品设计理念，正是因为这三个设计学理念的提出，才出现了后来的优化设计、计算机辅助设计和可靠性设计等设计方法。早期，人们更注重产品的功能属性，如美国人麦尔斯认为，顾客购买的主要是产品的功能价值，而不是产品自身。这种功能思想逐渐被人们认可，设计人员在产品设计时主要通过变更设计原理及机械结构实现产品的功能化，因而拓展了机械设计原理和其结构的研究。随着"人机学"思想的提出，人们开始注重机器、人和环境的相互作用，这主要是因为以往的产品忽视了以人为本的核心设计理念，在产品使用过程中造成操作困难，在废弃过程中造成环境污染。"人机学"的发展促使工作研究和测量方法的提出，这一过程更加以人为主体，侧重于机械产品操作的便捷性和操作环境的舒适性。随着物质生活水平的提高，人们追求更加美观时尚的产品，而"工业设计"理念的提出正是针对产品的外观属性进行进一步优化和改进，其设计的产品更能符合人们的审美标准，具备更加时尚的属性。

绿色设计理念和设计方法的发展时间虽然较短，还需要进一步完善，但是它弥补了传统设计方法的不足，让设计人员深刻意识到产品设计对资源利用和环境保护的重要性。绿色设计理念的提出是机械设计学发展史上的革命性飞跃，其主要体现为以下三个方面：

其一，首次从人类长远利益的角度出发，突出设计者、制造企业在人类社会资源保护

和可持续发展等方面需要承担的责任。这就要求国家立法部门制定相关的法律法规，强调制造企业坚决执行如尾气、污水等排放的法律和法规，要求企业家在获取利润和实现企业自身利益的同时，考虑生产制造过程对环境和资源的影响，而不是对社会利益置若罔闻。资源枯竭和环境污染成为当今社会的突出问题，这不是某一个企业或行业的行为造成的，而是整个国家在长期发展过程中以牺牲环境和浪费资源造成的。绿色设计理念从思想道德层面约束设计者和制造企业，要求他们考虑子孙后代的生存空间和发展需求，走可持续发展道路。

其二，设计阶段是产品生产制造的首要环节，在传统的设计理念中，很大程度上忽视了生产制造对环境破坏和资源浪费等问题。和传统设计最主要的区别就是，绿色设计在产品设计、生产、使用、报废和回收的整个生命周期内，重点关注产品对社会经济长久发展的影响，综合考虑机械材料的选择、再利用和再回收。因此是传统设计理念的革命性创新和升级。

其三，在传统的产品报废和回收环节，可能会对产品采取简单粗暴的处理方式，比如完全废弃搁置、全部回炉冶炼。可以说，这种粗放式的处理方式不仅会造成环境的污染，也会导致资源的严重浪费。毋庸置疑，废弃的产品仍然包含可利用资源，如废弃的机械机床中含有可以再利用的齿轮、刀架等。从这个角度出发，绿色设计理念更加重视对物理报废和性能报废的产品的回收和再利用。绿色设计在广泛采用系列化、模块化和标准化等现代设计技术的基础上，在产品的设计环节考虑其零部件的技术和结构的继承性。

与传统的设计理念相比，绿色设计理念可谓是贯彻和落实可持续发展过程中取得的重要进步，是对传统设计理念的突破性升级与创新。它面向整个产品生命周期，除了关注产品的功能属性，更加关注其社会属性，能够让制造企业以最小的资源浪费和最少的生态破坏实现最大的经济价值和社会价值。随着先进的设计理念和设计方法逐渐深入人心，其对机械产品设计和制造的影响也日渐凸显。绿色设计理念为绿色设计方法和绿色产品制造提供了坚实的理论基础，相信绿色产品设计一定能成为主流的设计方法，进而为人类创造美好幸福的明天。

第三节　机械产品的动力与传动设计

机械行业是国民经济的支柱产业，其产品设计水平的高低决定着企业的市场竞争力，只有不断提高机械产品的动力与传动设计水平才能在激烈的市场竞争中处于不败之地。机械产品的动力和传动设计是机械产品设计中必不可少的重要部分，任何的机电一体化产品的结构组成、传动方式都不尽相同，但是其设计基本要求是一致的。各种机械产品在进行机械设计时，有许多共同的要求。因此，在机械产品设计中，必须促使总体结构和功能结构设计发挥积极的作用。

一、机械产品的动力与传动设计原则

（一）满足经济性和工艺性要求

设计中应尽量合理选择材料及用量，有效改善制造和装配工艺性等以便提高经济性，尽量减小外廓尺寸和整体重量。由同类传动机构组成的传动系分配传动比时，若为减速传动一般应按传动比逐级减小的原则分配；反之应按逐级增大分配；机械产品结构要简单，便于降低制造成本和使用成本。尽量减少机械产品的动力和燃油损耗，以便达到绿色、节能和环保的目标。

（二）满足劳动保护要求

（1）有助于改善操作者的工作环境，如低噪声、空气清新、合理减少粉尘、机械产品外形色彩协调等。

（2）设计的机械产品使用可靠。

（3）机械产品操纵件数量适当、位置集中且便于观察，以减少操作者的体力浪费。

（三）满足功能要求

机械产品要满足运动要求，必须正确合理地设计结构组合，使机械产品有适宜的运动速度及平稳制动、工作顺畅等。

（四）满足动力要求

机械动力和传动系统设计传动距离大，可以在发生冲击和振动时保证传动平稳，也可在运转中缓冲吸振。根据能量不同、传递不同分为单流传动、分流传动和汇流传动三种基本形式。大功率的传动机构优先选用传动效率高的传动，以降低生产费用；小功率的传动机构可需要综合分析比较，选出合适的传动方案。同时要正确计算机械产品所需的功率，使得机械产品能克服阻力完成预定的任务。

二、机械产品的动力与传动设计

（一）总体结构设计

1.传动类型的选择

（1）电气传动。电气传动是指以电动机为原动机拖动生产机械运动的一种传统方式，适用于执行机构的工况固定，或其工况与原动机对应变化的场合。执行系统的工况和工作要求与原动机的机械特性相匹配，这样有利于提高传动效率。同时要考虑结构布置的选择，根据原动机输出轴与执行系统输入轴的相对位置和距离来考虑系统结构选择传动类型。

（2）机械传动。机械传动具有工作稳定、可靠，对环境的干扰不敏感等优点。

（3）液力传动。液力传动具有速度快，扭矩和功率均可连续调节，结构设计易实现系列化、标准化的特点。其包括气压传动。气压传动调速方便，可直接用气压信号实现系统控制，完成复杂动作。但是由于其缺点是传动效率低，所以不能进行大功率传递。同时因空气的可压缩性，所以排气噪声大。

2. 各种杠杆机构的选择

为了实现在液压缸活塞上移同时带动挡块下移，必须使用杠杆机构。其中简单清晰的就是四杆机构，除了在图纸上表示出来的杠杆机构外还要设计以钢索组成的有杠杆作用的系统。

（二）功能设计

1. 驱动电机的选用

由于链传动存在着诸多优点，驱动装置要求无缝钢管在两托轮上的滚动尽量选择顺利而且又用不到带传动的过载保护的性能而直接连接齿轮。

2. 链传动的选择

（1）链传动的张紧。链传动张紧的目的主要是增加啮合包角。其中的张紧轮可以是链轮也可以是无齿的辊轮，其大小应与小链轮接近。在此套链传动装置中只需要调整中心距就可以达到张紧的目的。

（2）润滑剂的选择。良好的润滑有利于减少铰链磨损，提高传动效率、缓和冲击，从而延长链条寿命。通常根据链速和链节距按照机械设计手册上推荐润滑方式的图来选取润滑方法，所以对于这套链传动装置选用人工定期润滑较合适。

（3）链传动的布置。传动的布置应采用水平或接近水平布置并使松边在下。对于这套链传动装置大链轮的位置较高，电机和小链轮的位置较低，只能采用倾斜的传动方式。

（三）传动试验平台的设计

随着科研水平的不断提高，传动试验平台实现了多参数自动控制和失效判定。

1. 系统设计原理

试验台控制装置采样范围宽，有助于实现自动处理分析数据，得出分析结果且易于控制。

试验台以一台高档工业控制计算机作为核心，分别对电机调速系统和液压加载系统进行控制。工控机能方便地根据不同实验的需要设置不同的转速、转矩、温度等报警参数和失效判定指标。动力与转动设计可按标准的或非标准的试验方法进行试验，其试验结果可保存在数据库中。

2. 设计方法

（1）动力负载和转速控制。该设计方案实现对转速、载荷的数字控制，使传动设计能够较好地实现对实验台转矩、转速信号准确、在线、实时、高速采集和处理。采用变频器可实现恒转矩调速和恒功率调速，省去以往用控制柜的不便。该试验台还具有很强的开发潜力，通过软件版本的不断升级和少量的硬件改进，可以使试验台的适用范围不断增加。同时采集负载恒可对系统进行分析和故障诊断。

（2）转动效率的计算。实验台转动时要消耗电动机一部分功率，且随着转速的增加功率损失也会增加。在相同负载下转速越高，效率越低。由于实验台的测试结果与理论是相符合的，实验台传动效率的理论值应在 90% 左右，造成计算出的传动效率低于理论值。

总之，机械动力与传动设计不仅对我国的技术文明的发展有着重要的意义，对社会经济等方面也发挥着不可忽视的促进作用。现阶段，机械动力与传动设计也在不断朝着绿色化、智能化及集成化方向发展，从而促进了机械化的设计水平的提升。

第四节　机械产品形象系统设计

近年来，随着国内制造业的迅速发展，机械产品在技术方面与国际领先企业的差距正在缩小。2015 年全球工程机械制造商 50 强排行榜中，中国有 8 家企业上榜，前 10 名中，中国企业有 2 家。但是，国内大多数机械企业在过去只重视工程技术创新，忽视了设计体系的构造和均衡发展，这导致其所生产的机械产品无法构建良好的品牌形象。产品形象是企业发展的重要前提，在很大程度上制约着产品在国际市场上的竞争力。以产品为中心，通过系统化的分析，对产品进行全方位的设计，使其构成独特且具有延续性的设计风格，可塑造企业的品牌形象，而辨识度高的产品形象能极大地提升产品的竞争力与附加值，增强企业的核心竞争力。在从"中国制造"向"中国创造"战略目标转变的过程中，立足于中国企业实际发展状况，进行深入的产品设计研究，并建立一套与之相适应的、与我国制造业相匹配的产品形象系统，已成为当今我国制造业迫切需要解决的问题之一。本节拟通过对企业发展不同阶段的考察，从产品周期、产品家族、时代发展三个维度构建产品形象系统理论模型，以供学界参考。

一、PIS 理论研究概述及存在问题

通过对各类文献资料的研究分析，可以了解到产品形象系统（PIS）在概念、理论归宿、总体构成及评价系统等方面的研究已经取得了初步成果。比如，李良在《工程机械产品识别设计策略研究》中运用形态语义学、认知心理学等理论，阐释了产品意象、产品识别的概念及其关系，提出了产品造型识别特征群这一概念；张凌浩在《基于基因遗传理论产品形象的延续与更新方法研究》中，对生物科学中的现代遗传及变异理论与产品形象延续及更新的关联性进行了研究，为产品形象创新与品牌提升提供了一种新方法；车承刚等人在《工业设计产品形象系统建构之研究》中，运用"期望价值理论"建构了基于体验经济概念下的产品识别系统；杨道陵在《产品形象系统 PIS 建构脉络》中，叙述了产品形象识别系统建构的四个阶段，即企业核心理念与产品策略研究、产品线形象框架结构研究与建设、产品模板系统与设计指导、PIS 管理体系的制定与实施。徐娟燕等人在《基于 PIS 的焊接

系列产品造型设计研究》中，从产品形象的理念建立和视觉设计两方面对焊机、焊枪和焊帽三款产品进行了系列化造型设计，为同类设计提供了参考；张久美等人在《基于产品形象的大型机电产品外观视觉形象建构》中，通过理念识别、核心要素分析、造型特征设计等，倡导将产品形象的设计方法融入机电产品设计中，以塑造并提升大型机电产品的整体外观视觉形象。

借鉴相关研究成果，我们可以从狭义和广义两个方面对产品形象做如下理解：从狭义上讲，产品形象是产品在用户群中的视觉形象，是产品的视觉外观，是暂时的；从广义上讲，产品形象是产品在整个生命周期内的视觉与知觉上产生的、有关产品印象的集合，产生这些印象的主体除了使用者之外，还包括决策者、潜在购买者、销售者等，是他们对产品的视觉形象、使用体验、引发的联想等经过大脑分析处理后的形象，是对产品的一个综合的认识和印象，是持久的。

目前，学术界对产品形象系统的研究虽取得了一些成果，但也存在一些问题：缺乏根据企业发展不同阶段对产品形象系统进行理论模型构建，PIS 构建中仍存在大量企业形象系统（CIS）理论的影响，缺乏以产品为核心的宏观系统的研究。

根据现代系统科学，事物都是以系统的方式存在的，系统都是由相互联系的元素所组成的、具有某些特定功能的有机整体。因此，产品形象也是一个由产品形象相关元素构成的有机系统，各元素彼此相互依赖、相互影响。从发展的眼光来看，随着企业的不断发展，产品形象系统设计将会具有不同的内涵，这也是工业设计从单纯产品型向策略型转变的重要体现。

二、PIS 与 CIS 的关系

随着市场的不断发展，机械企业需要面对越来越同质化的产品竞争，部分企业开始注重企业形象的塑造，国外的 CIS 开始在国内流行起来。但在推行 CIS 过程中也出现了一些问题，如更偏向于运用图像符号来表现意义和形象思维，没有建立起连续的产品形象，导致识别意向模糊，无法传达具有高度一致性的企业文化内涵；再如，企业文化理念与品牌的塑造需要长期累积，而部分处于发展初期的企业缺乏资金，急于求成，眼光短浅，对发展 CIS 兴趣不大。对于国内大多数企业而言，PIS 更具实效性，也更加符合我国机械企业的实际情况。对 PIS 与 CIS 之间的关联性进行分析，有助于对 PIS 的深入研究及其理论模型的建立。

PIS 设计是产品的内在品质形象与外在视觉形象的统一，是塑造 CIS 的重要途径。PIS 的主体是产品，CIS 的主体是企业；产品形象的传播方式是产品的塑造，企业形象的传播方式是视觉识别；PIS 的目标是针对特定的目标人群建立起稳定的、具有延续性的产品品质形象，CIS 的目标是针对特定的市场树立起良好的企业形象。与市场的基本单元用户直接、密切接触的是企业的产品，所以要想树立起良好的企业形象，首先要塑造具有一致性和连续性、有品质的产品形象。PIS 是 CIS 的重要组成部分，是其子系统。PIS 从产生起便伴随着设计策略，包含着企业文化内涵，在企业所处的具体阶段进行相应的产品形象塑造。

PIS 具有高度的提炼性和继承性，它为企业形象的塑造提供了一个新思路，也更符合企业发展的实际。CIS 的建立不一定是从整体到局部的发展，也可以是从局部到整体的扩张，是一个庞大而又持久的工程。从局部到整体的扩张，就是要根据各子系统的重要性区分优先级。PIS 是 CIS 构建的主要方面，其存在和发展决定或影响着其他矛盾的存在和发展，因此对于发展初期的企业来说，应优先建立 PIS。在 PIS 构建的过程中，应对 CIS 进行信息反馈，使之不断发展完善。CIS 的发展指引着 PIS 的方向，PIS 也会在时代的浪潮中优胜劣汰，不断完善，将信息反馈给 CIS，避免 CIS 的发展出现偏差。

三、机械产品形象系统理论模型构建

改革开放 40 多年来，随着经济的快速发展与需求的不断增长，我国机械行业迅速成长，市场对于机械产品品质的要求也越来越高。为了获得快速发展，我国机械行业在发展中一度偏重于机械产品的技术性能，而忽略了产品形象系统的设计。目前我国经济正处于"三期叠加"（增长速度换档期、结构调整阵痛期、前期刺激政策消化期相重合）的特定阶段，机械企业应根据市场变化做出相应调整，除了更新技术外，还应建立起稳固、高品质的产品形象，这对于产出价值最大化具有战略意义。相对于普通的日常消费品，机械产品面向专门的行业市场，因此在设计、生产、销售、服务等方面应与日常消费品有所不同。

对于机械产品形象系统设计而言，应从全局着眼，树立整体观念，不断优化目标，使系统功能得到最大的发挥。将机械产品形象系统看成一个开放系统，结合机械产品的特点，从整个品牌发展的角度展开分析可知：企业在刚开始构建产品形象系统阶段，产品形象系统的构建主要依附于产品研发生产阶段的各个环节，随后在整个产品周期中，产品形象开始在市场中发挥作用；随着企业的不断发展，为了占领更多的市场，产品的种类在不断地增加，形成产品家族，这时的产品形象主要体现在产品家族中各成员的共同表达，传达出企业文化内涵，以便与其他企业产品区分开来。时代在变迁，在企业不断发展成熟的过程中，应顺应时代的发展趋势。这时的企业形象系统构建已较为完善，影响产品形象的主要因素是时代提出的新要求。

在机械企业发展的初期，产品形象系统是一维的，企业往往通过产品周期的各个环节来对产品形象进行塑造。当企业具有一定的研发能力、产品占有一定的市场份额时，这时的产品形象系统就达到了二维，可以着手产品家族设计，以增大市场占有量。在产品家族中，每一款产品都有自己的生产周期，有些是要根据市场需求进行调整的，有些则可以互相借鉴和通用，这时的产品形象是以家族特征的形式表现的，更加稳定。随着时代的发展，产品形象系统发展成了三维，要考虑到科技、社会都在不断发展，新的趋势、新的技术、新的文化的产生势必会带来新的需求，这将影响到产品周期的每一环节。适应新的需求，产品形象系统中适合时代要求的元素被保留下来并得到发展，不适应时代要求的元素则被淘汰出局。在产品家族量变的基础上经由新的刺激因素会产生质变，存留下更适合时代的产品，这时候的产品形象更深入人心，存在也更加久远。下面分别从产品周期、产品家族和时代发展三个维度构建机械产品形象系统理论模型。

（一）产品周期维度

在机械产品形象系统设计中，一款产品的整个生产周期都伴随着产品形象的构造。产品周期维度是研究产品形象系统构建的基本维度。周期中的每一环节都影响着产品给人带来的视觉刺激、使用体验、情感联想等，对于产品形象品质的树立有至关重要的作用。在产品形象设计过程中，应保持统一性和连续性，将单个的产品设计开发秩序化。下面从产品周期中对产品形象塑造产生影响的几个环节进行探讨：

1. 设计理念与策略

通过对市场、用户需求和企业自身定位的分析，明确机械产品所应具有的功能、产品的风格与所要传达的核心理念。这是整个产品形象设计的指导思想和实施纲领，用户最终接受的企业理念、企业精神和品牌观念都是在这一阶段确立下来的。由于机械产品的研发和使用周期相对较长，产品形象设计的理念与策略应具有前瞻性，既要使其在较长时间内不会被用户所抛弃，又要与市场上其他同类产品有差异化区分。

2. 造型设计

机械产品的造型设计包括产品的形态、色彩和材质。机械产品首先必须满足用户对其技术性的要求，但不能忽视其造型。产品造型将直接从视觉上影响到人们的心理，而这种潜在的心理因素往往会影响到产品在人们心中的印象。应根据产品所要传达的理念来对产品造型进行设计，如大型机械，形态上应庄重，力度感要强，因为形态美可以通过视觉感染力来消除人们对大型机械的恐惧，以增强使用者的安全感；若是强调产品的高效率，产品形态设计上则应简洁、轻巧、流畅，产品色彩也应与产品设计理念一致，大部分机械产品在色彩上应偏向于冷静、沉稳，这是由机械产品主要应用于工业生产而非日常生活的特点所决定的；某些产品色彩应比较明快，以打破沉闷的感觉，但配色应和谐。机械产品工作环境特殊，材质是保障机械产品安全性能和施工性能的重要影响因素。机械产品所使用的材料多为钣金件，在与人接触的界面应尽量采用具有亲和力的材质。通过对形态、色彩和材质进行设计和整合，从视觉上对用户进行刺激，可引发用户的联想，从而形成对产品的整体视觉形象。

3. 人机界面

人机界面是机械产品直接与人作用的界面，除了使用界面外，还包括安装界面和维修界面。随着机械行业的拓展，机械产品的工作环境越来越复杂多变，其操作界面应符合使用者的认知习惯和生理习惯，以减轻其认知负担和操作负担。人机界面的设计除了为使用者提供精确高效的操作界面外，还应在复杂恶劣的施工环境中，做到"以人为本"，注重产品的安全性和操作舒适度、方便性、无污染等因素，尽量减少机械产品自身和外部环境对人造成的不良影响。这些需要从细节着手，而细节往往是产品品质的重要体现。人机界面应从体验入手，对用户进行知觉和思维上的刺激，使之产生更深层次的产品联想与印象。从用户体验来说，获得宜人、愉悦的用户体验，是决定购买某一产品的关键因素。即便部分机械产品的购买决策权与使用权相分离，用户体验也是影响决策者购买行为的重要因素。

4. 工程规范

机械企业的工程规范在机械产品形象的品质塑造过程中起着重要作用。机械行业的标准可以分为国家标准、行业标准和企业标准三个等级。依据标准化准则，产品的某些零部件、设备及能源等的结构形式、尺寸、性能等，应按照国家与行业统一的标准选用；产品的人机界面、说明书等所包含的符号、计量单位、名词术语等也应符合标准。因为这些标准影响到产品形象的专业性、在安装维修的过程中的方便性和使用的可靠性。

5. 宣传销售

机械产品的宣传多通过行业展会、专业刊物广告等方式进行，一些大型行业设备，一般用业务员拜访企业的方式进行销售。在宣传销售方面，产品的展示、包装、宣传册等的设计风格应与产品理念一致，以建立起统一、整体的产品形象。

此外，在对机械产品的维修、保养、软件升级，以及产品使用寿命终止的后续处理中，企业若能给用户提供周全的服务，会对产品形象品质的提升具有推动作用。

（二）产品家族维度

一款产品在特定市场中成功地建立起高品质的产品形象，还不足以形成稳固的产品形象系统，会不断有其他企业新的同类产品对其进行冲击。产品家族的建立是中长期的产品形象系统建造阶段，如在没有品牌影响力的情况下就开始着手家族化，其风险将是巨大的。不同层次的市场具有不同的需求，机械产品的家族化就是要覆盖更广的市场，满足不同市场的个性化需求。建立产品家族的根本目的是满足市场的多样化和个性化需求，通过提供不同的产品种类开发潜在市场。产品家族的核心是模块化、通用化和标准化，最大限度地提高设计参数和生产过程的重复使用性，以降低成本，缩短开发周期。需要注意的是，产品家族化的主要目的在于满足更广泛的市场需求，并使产品具有家族识别性，而不仅仅是为了降低产品开发成本。产品家族的每一款产品在自身的产品周期中，都要融入产品家族的通用特征，通过系列产品来体现产品形象的稳定性、一致性和连续性。在一段时期的机械市场中，标志性的产品家族特征会给消费者带来巨大的视觉冲击，留下深刻印象。而强化产品形象系统，可以加强机械产品与用户的情感联系。

（三）时代发展维度

《连线》前主编凯文·凯利在《机器想要什么》一文中提道："在技术的进化过程中，

我们能看到与生命进化相同的趋势——走向普遍化、多样化、社群化和复杂化。"随着时间的推移，机械产品的 DNA 逐渐形成，从而逐渐进入机械产品形象系统的长期塑造阶段；通过机械产品的更新换代将产品的特征稳定地遗传下来，不断繁衍。人们对产品的使用需求是不断发展变化的，一旦习惯了某一款产品并达到"专家"级的熟悉度时，便会产生更高的要求和期望。同时，在不同的时代，科学技术、经济状况、文化潮流都在不断地发展演变，机械产品形象系统作为一个开放的系统，会受到这些因素的影响。依据系统固有的开放性特性，产品形象系统设计应重视并善于利用这些外部条件，兼顾全局，努力完善系统自身。机械产品形象系统一旦具有了遗传性，这种遗传性将指引产品家族特征的建立和单个产品生命周期中产品形象的塑造。在实践中，对应不同的时代，机械产品形象系统适应时代的部分会作为体系发展的基因而保留并遗传下来，不适应的部分则会遭到淘汰，使得整个机械产品形象系统不断优化，并与变化着的外部环境相适应。就像遗传基因会发生突变一样，产品形象中遗传物质也会产生不稳定传递，使产品形象特征出现新的变异，影响产品家族的进化，而"基因"突变是创新的源泉。随着时代的发展，机械产品正朝着智能化、模块化、个性化、多功能和节能环保方向发展，机械产品形象系统理应在保持产品稳定性和不断创新的平衡中不断发展完善。

工程系统最显著的特征是整体性。系统的效能不是其构成元素的功能之简单叠加，而是依据所处的实际环境有机地组织起来，使系统在复杂的相互作用中表现出统一性和协同性，从而使系统整体性功能达到最大化。根据国内机械企业的实际情况，逐步建立起产品形象系统，使产品价值最大化地呈现出来，这对于在激烈的国内和国际市场竞争中树立稳定、突出、公众可信任的产品形象具有十分重要的作用。

第五节　机械产品安全设计及评价

机械产品生产过程中需严格管理操作人员、机器及环境三者之间的关系，让生产活动有序、安全地进行，除了开展机械生产安全与事故研究和管理工作，还有一个关键环节是机械生产的安全保障，那就是机械产品的安全设计及评价。机械产品安全设计的目标是通过经济的方式取得满意的产品安全性能并保证产品整个生命周期的安全性使用。安全性设计与安全评估措施的实施，是保证机械产品制造安全与生产安全的关键。

一、机械产品危险因素分析

科学技术与经济的发展催生了现代多样性、复杂化的机械产品，由于机械产品引发的事故也日趋增多，特别是一些在结构、性能上相对复杂的大型机械产品存在的危险因素较多。我们根据危险因素的性质进行分类，大致可以分为能量类、物质类和信息类。

一是能量类危险因素，机械设备在运转过程中持续的动能可能造成操作人员被绞伤、割伤、刺伤、砸伤、擦伤等，电气连接设备产生的静电、放电、雷电等可能造成人员的伤亡，机器运转产生的热能可造成高温烫伤、热辐射灼伤、爆破冲击伤害等，另外还有最易被人们忽视的机械噪声在长期的作用过程中可损伤人的听力系统和神经系统等。

二是物质类危险因素，主要指的是机械产品自身所具备或可能造成的危险，包括机械构造方面的尖锐突起、重心不稳、强度不足等影响产品的稳定性，人体工学方面操作或维护时姿势不自然，产品老化方面的设备短路、构件磨损变形或断裂引发安全故障，以及有毒有害物质方面的气体、液体、粉尘、微生物、放射性物质的产生等都是可能引发安全事故的危险因素。

三是信息类危险因素，主要指的是机械产品的使用说明、操作说明等方面的信息，包括指示内容不足，存在歧义或误解，指示标识位置不明显或者在后期使用中因粘贴不牢固而脱落，甚至标志色彩不符合标准或易掉色都容易造成操作者对安全警示的忽视，引发安全事故。

二、机械产品安全评价方法

安全评价是建立在危险识别基础之上的，评价过程即是对每种危险可能导致事故发生的可能性及损失程度进行评价。评价的要素包括事故伤害范围、事故限度及事故后果的严重程度等因素的评价。

随着人们对安全设计、安全生产及管理工作重视程度的逐步提高，形成了对危险因素进行识别的高效应用系统工程的方法，多类型的安全分析方法可适用于不同系统的安全评价。安全评价方法从逻辑角度分类包括归纳法和演绎法，从数理角度分类包括定量分析法和定性分析法，各类分析方法可以独立应用也可以联合应用于机械产品生命周期的不同阶段中。在伤亡事故分析预测与系统潜在风险评价方面，初步危险分析主要应用于机械产品生命周期的早期阶段，它只做定性危险分析，能够快速识别关键安全部位并指导后续危险控制措施的采取；故障模式影响分析法对设计产品的各个组成单元中潜在的故障模式，包括灾难型、致命型、一般型及轻度型危险因素进行分类分析，并提出相应的优化策略；事件树分析属于安全系统工程中的演绎推理分析方法，根据事件发生的时间顺序对故障原因进行推算，进而找出危险的源头所在，它可以同时做到定性和定量分析，及时诊断出机械产品存在的薄弱环节与故障部位，以指导系统的安全运行和优化设计，该方法也被称为故障树分析法，是安全评价方法中利用率最高且效果最好的分析方法。

三、机械产品安全设计要点分析

机械产品的安全设计在制订设计方案的时候需遵循结构安全、合理选用和设计安全防护装置、提供充分的安全使用信息等原则，同时还需要遵循最小风险设计、应用安全装置

（最好制定定期功能检查）、提供报警装置（检测危险状况）、制定使用规程和培训等几个环节的先后次序。下面就机械产品安全设计的要点做出简要分析：

首先是提高机械产品结构设计的刚度、强度与精度。提高机械构件强度的主要措施包括合理布置零件以减少零部件所需承受载荷、降低载荷集中以实现载荷的均匀分布、采用具有相同强度的结构、选用科学合理的界面及减少应力的集中等来体现。具体实施过程中可以对输入轮的布局进行合理规划，达到减小最大转矩的效果，增大零部件过渡曲线可有效减小集中应力。此外，选用合适的摩擦副材料、提高零部件表面硬度、降低零部件表面粗糙度值及采用润滑措施等也能有效提高构建的磨损强度。机械产品结构设计的刚度、强度及精度主要着眼于机械构件的自身设计。

然后是机械铸造结构设计方面，简单的机械分型面设计可减少铸件表面的内凹或外凸现象，妨碍起模在结构上尽量避免选用薄且水平面可产生较大内应力的形状，铸件的铸造过程需始终保持厚度的均匀型，外壁的厚度一般大于内壁的厚度，增厚过程是一个逐步实施的过程，保持内壁与外壁之间有一定的夹角，并合理布置铸件孔的加强肋以保证铸件的收缩能力，最后还要从整体上考虑铸件结构的稳定性，尽量降低缺陷肋的受力。

其次是人体工学的结构设计方面，需要考虑不同操作人员在操作姿势上与机械之间的自然状态，操作人员的人力比例及姿势与操作台的高度之间要始终处于最佳状态。机械操纵杆、控制显示仪表最好设置在操作者的前方位置，仪表显示数据方面，要方便操作人员的实时阅读，操作平台上的按钮设置在大小和方向上要合理，对手柄操作范围进行合理控制，并且满足操作人员的有效发力与使用要求。

最后是产品散热、防腐、防噪等方面的设计，机械产品中设置的高压容器、管道要进行隐蔽设计，避免阳光直射发生热变形，对尺寸要求精密的零部件需要考虑温度变化造成的热胀冷缩现象，硬化材料的工作环境温度不能过高，螺栓连接缝隙要不便接触腐蚀性介质。净容器内的液体要及时排干，减少容器对轴造成的机械磨损，存在热交换作用的管道要采取防冲撞措施，降低噪声。

综上所述，我们在了解影响机械产品安全性的危险因素时，对于危险因素的识别有了清晰的分类认知，对机械产品可能存在的机械危险、振动危险、热危险、噪声危险、加速度危险等进行风险评价后，可以从提高机械产品结构设计强度、优化铸造结构设计、充分考虑人工结构及强化散热、防腐、仿噪声等方面尽可能降低机械操作系统在使用过程中有可能发生的安全事故率，保证机械产品在其整个生命周期内的稳定运行与安全运行。

第四章 模具加工设计

第一节 模具加工技术分析

现代社会经济发展中，工业、制造业的发展迅速，在此过程中，关于模具加工的效率及模具制造的质量等，均直接关系到机械设备的使用效用，加强对模具加工各个环节的技术控制和质量管理，能够使模具加工企业获得更多的生产经验，这对于提高模具加工技术水平、提升模具加工质量，以及满足人们的机械使用需求等具有重要的保障性作用。本书在此基础上，主要对模具加工过程中存在的一些技术难点及相关工艺方法等进行研究和分析。

模具加工，是在模具的上模和下模之间放置一个钢板，通过压力机作用对模具材料进行成型处理，打开压力机后，能够根据已经获得的模具形状，对工件的主体部分进行确定，也能够对剩下的废料部分予以去除。在模具加工的过程中，要对技术难点和技术重点部分进行分析和控制，对四滑轨模、级进模、裁模、冲坯模、复合模、挤压模、冲压模、模切模具等不同的技术工艺进行分析，采用先进化的管理经验提高模具加工的质量水平。关于模具加工技术方法及相关技术应用方法等均需要结合实际使用情况展开研究与分析。

一、模具加工技术要点分析

（一）数控车削技术

模具加工是指对还没有成型的工具进行加工，模具加工包括模切模具和剪切模具，在模具加工的过程中，需要重点强调工艺技术方面。模具加工中对轴类标准件的加工可以使用数控车削技术，对杆类零件、顶尖及导柱等的加工，要对回转体模具进行加工和制造，制造的模具类型包括盘类零部件、冲压模具、外圆体等。数控车削技术在模具加工中的应用，对于提高模具制造的位置精度具有重要作用，并且使模具制造和加工的范围也有所扩大，在机械模具和杆类零部件制造中使用广泛。数控车削技术锻模加工效果好，还能够快速加工表面粗糙度不同的模具。

（二）数控铣削技术

模具的种类包括塑胶成型模和金属冲压模具，模具加工是对制坯工具及成型的模具进行加工制造，且模具加工也包括模切，一般模具是由上模和下模两个部分共同组成的。数控铣削技术在模具加工中的应用，能够完成对凹凸型面、曲面及平面等外部结构的模具加工和制造。一些结构较为复杂的机械模具，包括压铸模和注塑模等，外部轮廓和曲面复杂，使用数控铣削技术，不仅能够有效缩短加工的时间，还能够提高模具制造的效率。数控技术的不断发展，促使数控铣削技术在模具加工中的应用完善，一些二维及三维平面结构的模具使用数控铣削技术加工，制造效果更好。

（三）数控切割技术

对模具加工技术内容及相关应用原理的分析，能够使模具加工企业掌握更多的实践经验，为制造企业的进步发展奠定可靠的技术基础。数控切割技术也是模具加工中的一项重要技术内容，数控切割技术能够帮助模具快速成型，并且由于数控切割技术的编程难度低，因而能够保证模具加工的精度。对于一些具备异性槽、特殊材料性质、塑料镶拼及微细复杂形状的模具，使用数控切割技术，整体切割工艺符合模具制造要求。数控切割技术在模具切割中的应用，是通过数控机床的电火花切割工艺对特殊材料或复杂形状的模具进行快速切割、成型，在模具加工制造领域中应用广泛，实践效果突出。

二、模具加工技术的应用发展

（一）智能化水平提高

随着我国现代化制造业的不断发展，模具加工及机械制造水平将不断提高，以往的模具加工中，受传统的工艺技术限制，模具加工的效率和质量水平不高。但是在智能技术的不断应用中，采用智能化的模具加工技术，不仅提高了模具生产加工的效率，对于保证产品质量精度也具有重要作用。未来社会的智能化发展，还将进一步带动模具加工技术的智能化发展，在解放劳动力的基础上，充分扩大其技术应用的范围。

（二）网络化发展

现代信息技术的应用和发展，给社会生产带来诸多便利，由于互联网技术在信息传递和资源共享上的功能优势较为突出，因而在模具加工中，以数控加工的模式，促使模具加工技术的网络化发展。在网络化的模具加工技术应用中，主要是对 FMS 系统、CIMS 系统、互联网技术实施综合性的技术诊断和远程监控，并在此基础上，构建具有网络化特征的数控模具加工制造体系，促使数控模具加工技术应用实现全球领域的信息共享和技术内容更新。

（三）柔性化发展

模具加工技术在模具的生产制造中应用，要根据具体的加工要求进行标准化的切割、制造，随着时代的发展，模具加工技术不断呈现网络化、智能化的发展趋势，但是从我国的模具加工技术发展应用来看，还将进一步呈现柔性化的发展态势。随着制造业的发展，未来的模具加工需求及加工内容更加的多样化，因而模具加工技术既要能够适应企业的制造要求，又要适应加工对象的变化特点。同一种模具加工技术要能够完成不同外部类型和制造要求的零部件加工，模具加工技术应用能够满足不同用户的制造需求，会进一步促进企业的长远稳定发展。

模具加工技术在实际的应用过程中，一方面要根据模具加工的标准性需求，对模具加工技术方法进行控制，保证加工的模具质量符合使用标准；另一方面则是要在模具加工技术控制中，解决模具加工的重难点问题，不断提高模具加工的效率，保证模具加工的各个环节均能够处于正常的运行状态。由于模具的种类较多，其中包括金属冲压模具、塑胶成型模、锻造模具、压铸模具、橡胶模具和粉末冶金模具，金属冲压模具又分为单冲模、拉伸模、复合模和连续模，塑胶成型模则又包括注塑模、吸塑模和挤塑模，在模具加工中根据不同类型模具加工的质量要求，采用合理的技术方法，才能够进一步保证模具加工质量符合相关使用标准。

第二节 机器人在模具加工中的应用

自工业革命以来，人与机器的关系就一直受到关注，新机器的出现总会伴随着对大量失业的担忧。但是，工业化的历史中并没有出现因机器造成的长期的、大规模的失业，技术进步总能创造出新的适合人类劳动者的工作岗位。机器人出现之后，人机关系有了新的内容，机器和人类劳动者在岗位上再次调整分配结构，同时，人与机器的关系也由原来的操作者与操作对象向合作伙伴发生转变。目前，机器人具有柔性好、自动化程度高、可编程性、通用性等特点，已经广泛运用到工业加工制造的各个方面。本节就对机器人在模具加工中的应用进行分析和探讨。

一、机器人的发展趋势和特点

机器人的发展趋势是向"高速，高精，重载，轻量化和智能化"方向发展。JSME2008 年度日本机械学会从技术重要性不断增强的机器人领域的角度，对机器人的平均功率比密度、精度、智能化水平等关键参数进行了分析与预测。在对绝对准确有要求的机器人设计中，经过不断改进，绝对精度可能会接近重复定位精度。通过材料技术的进步，减轻驱动器质量，提高刚度，提高伺服电机和驱动器的平均功率比密度。因此，机器人技术有如下特点：

（1）机器人集精密化、柔性化、智能化、软件应用开发等先进制造技术于一体，通过对过程实施检测、控制、优化、调度、管理和决策，实现增加产量、提高品质、降低成本、减少资源消耗和环境污染，是工业自动化水平的最高体现。

（2）机器人与自动化成套装备具备精细制造、精细加工及柔性生产等技术特点，是继动力机械、计算机之后，出现的全面延伸人的体力和智力的新一代生产工具，是实现生产数字化、自动化、网络化及智能化的重要手段。

（3）机器人与自动化成套装备是生产过程中的关键设备，可用于制造、安装、检测、物流等生产环节，并广泛应用于汽车整车及汽车零部件、工程机械、轨道交通、低压电器、电力、IC 装备、军工、烟草、金融、医药、冶金及印刷出版等众多行业，应用领域非常广泛。

（4）机器人与自动化成套技术，融合了多项学科，涉及多项技术领域，包括机器人控制技术、机器人构建有限元分析、激光加工技术、智能测量、建模加工一体化、工厂自动化及精细物流等先进制造技术，技术综合性强。

二、机器人在模具加工中的应用

（一）轨迹规划

模具加工生产过程中，机器人要完成多种运动轨迹以符合生产过程。机器人生成的运动轨迹直接影响到零件加工精度及形状等，为了得到更好的加工质量，机器人轨迹规划研究有着不可替代的作用。为此，研究人员针对机器人模具加工轨迹规划进行了相关的研究，提出了一种面向复杂曲面加工的机器人轨迹生成算法，借助 CAD/CAM 技术完成复杂曲面的建模，根据三角面片各点坐标在切片方向上投影的最大和最小值反求与此三角面片相交的切平面，并对三角面片分组，然后推导出三角面片边上相邻交点的增量公式，最后通过机器人编程得到复杂曲面的加工运动轨迹。该算法实现了任意复杂曲面加工轨迹的生成。模具加工往往有着不同的机械结构，复杂性程度高，因机器人的自动化程度高，以成熟的 CAD/CAM 技术应用为基础，结合计算机技术及精密设备的发展，从而进行轨迹规划和优化，将是提高模具加工质量的一个重要方面。

（二）离线编程

机器人是一个可编程的机械装置，其功能的灵活性和智能性很大程度上取决于机器人的编程能力。在模具加工中，机器人应用范围持续扩大的同时，工作复杂程度也不断增加，可以代替数控机床加工复杂曲面等。示教编程过程烦琐、效率低，难以完成对复杂路径的规划，而离线编程无须机器人本身及其控制系统参与，可根据不同的工件加工信息进行外部程序编制。例如，以 UGNX 为 CAM 基础的机器人加工系统，利用 NX 数控加工功能产生相应的切削加工轨迹及 G 代码，应用 C++ 及后置处理 POST 将加工 G 代码转换成机器人能够识别并加工的代码（TCL）。还有以 R EIS R V16 机器人为仿真加工平台，建立切削加工机器人的原型系统，对其后置处理过程的坐标系变换、运动学求解、冗余自由度和奇异点回避问题进行推导和论述。建立切削加工机器人的仿真和后置处理系统平台，并完成

2D 和 3D 样件的加工。随着计算机技术的逐步完善，强大的图形处理能力和计算能力为机器人模具加工离线编程技术的发展提供了良好的发展平台。

（三）加工精度与误差补偿

精度不仅是衡量模具加工系统整体性能的一个重要标准，而且将直接影响到工件的加工质量。如何提高机器人的加工精度，关系到整个机器人加工系统的应用，可以使机器人不再局限于低精度要求的加工任务。加工精度的改善和误差补偿机制可大幅度提高加工效率和质量，降低产品开发周期，对于提升我国模具加工技术水平具有重要意义。

（四）刚度

刚度是机器人性能优化极为重要的方面，对机器人加工质量与加工稳定性具有重要影响。虽然机器人可替代传统 CNC 设备进行模具加工，对于一些高精度、高刚度要求的生产过程，其应用仍有一定的局限性。为解决这类问题，工程师对此进行了相关的研究。例如，基于一种机器人加工系统刚度性能优化方法，基于传统刚度映射模型，通过辨识实验获得机器人关节刚度；约束机器人加工位姿、关节角度，以机器人末端刚度椭球沿待加工曲面主法矢方向的半轴长度为优化指标，采用遗传算法进行机器人姿态优化。

目前，已有大量的中国企业投入机器人技术的研发和机器人的制造。以美国为代表的发达国家，也着力加强机器人在传统制造业中的应用，希望通过原有工业基础优势，加速形成生产自动化竞争优势，彻底解决劳动力障碍，重新夺回制造业特别是长期已经放弃的日常用品制造业的霸主地位，促使外移产业回迁。应该引起重视的是，在机器人的关键技术，特别是关键零部件技术方面，发达国家仍处于技术垄断地位，中国机器人技术的发展，仍面临欧美日等发达国家的重大挑战。

第三节 塑料模具加工工艺

目前，塑料模具制造在整个模具行业中所占的比例高达 30%，可见塑料模具加工工艺的重要意义。现阶段，塑料模具已经应用在航天航空、仪表机电及汽车等制造行业中。因此，塑料模具加工工艺具有非常好的发展前景。下面，笔者就塑料模具加工工艺现状，对塑料模具加工工艺未来发展趋势进行分析。

一、塑料模具加工工艺现状

（一）气体辅助成型技术日趋成熟

近几年，气体辅助成型技术在塑料模具加工中逐渐得到应用。目前，已经有部分企业将气体辅助成型技术应用在洗衣机外壳、电视机外壳及汽车装饰物件等塑料物件加工工艺中，并且取得了非常好的效果。

（二）热流道技术应用广泛

虽然热流道塑料模具应用所占比例不高，但是热流道技术在塑料模具加工行业中的发展速度非常快，目前，热流道技术在塑料模具加工工艺中的应用率已经达到了33.33%。比较常见的热流道加工技术分为三种，分别是一般内热式、分流板式及外热式。

电火花铣削技术又被称作电火花创成技术，此技术由传统的电机加工技术发展而来。电火花铣削加工技术是指机床高速旋转的主轴带动棒状或管状电极转动，同时采用多轴联动，进行电火花成型加工。在使用电火花铣削技术对塑料模具进行加工的过程中，不需要使用复杂成型电极。目前，国外已经有少部分模具企业将电火花铣削技术应用在塑料模具加工工艺当中，且效果显著。

随着新技术、新工艺的不断引进，塑料模具的使用寿命得到延长。目前，我国高速塑料异型材的加工速度已经达到了商业化加工速度。塑料异型材的基础模式可以分为双腔共挤及多腔共挤两种模式。我国有较多的企业已经在塑料模具加工过程中，精心设计自动脱流道模进而冷却系统，这令塑料模具加工效率得到了显著的提高。

二、塑料模具加工工艺未来发展趋势

（一）数字化高速扫描系统的应用

目前，数字化系统在我国塑料模具加工中应用较少。数字化高速扫描系统具有能够提供实物扫描到加工出期望模型的功能。将数字化高速扫描系统应用在塑料模具加工工艺中，能够有效缩短塑料模具研发设计时间及制造周期。在不久的将来，数字化高速扫描系统可以快速安装在塑料模具加工中心的数控机床上，利用扫描探测头，如雷尼绍 SPZ-1 等，实现快速采集数据的目的。然后再将探测头采集到的数据进行处理，使其形成格式不同的 CAD 数据，并且应用在塑料模具加工工艺当中。数字化高速扫描系统的探测头，其扫描速度最快可达到 3 m/min，这在很大程度上缩短了塑料模具加工周期。相信在不久的将来，数字化高速扫描系统将会在塑料模具加工工艺中得到普遍推广和使用。

（二）电火花铣削技术的发展与应用

CAD、CAE 及 CAM 技术不仅标志着塑料模具制造的方向，还是塑料模具加工工艺发展的一个重要里程碑。目前，CAD、CAE 及 CAM 技术已经逐渐应用于塑料模具加工工艺中。近年来，塑料模具加工工艺的相关培训工作已逐渐趋向简单化。在 CAD、CAE 及 CAM 技术普及过程中，应该积极响应国家模具软件开发号召，并且不断加大技术服务力度和技术培训力度，争取进一步扩大 CAD、CAE 及 CAM 技术在塑料模具加工工艺中的应用比例。在企业条件允许的情况下，可以逐步使用计算机来辅助塑料模具加工工艺的设计，由此来推动塑料模具加工工艺逐步向集成化、智能化方向发展。

（三）复合技术及超精细加工的发展

随着模具的纳米技术不断进步，塑料模具加工工艺开始向大型化及精密化方向发展，塑料模具加工精度可控制在 11 nm 以内。纳米技术结合激光技术、超声波技术、化学技术及集电技术等复合型技术在塑料模具加工工艺中逐渐得到应用，这种复合型精细加工技术将会越来越受模具加工企业的欢迎。

（四）热流道技术的广泛应用

国外的热流道技术发展速度要快于国内，目前，我国有部分企业已经尝试将热流道技术应用在塑料模具加工工艺中，且效果显著。利用热流道技术制造出来的塑料模具不仅质量好，而且能够在一定程度上节约资源，因此热流道技术也将会得到广泛应用。

（五）气体辅助技术的发展与高压注射工艺

气体辅助技术是近几年新兴的一种塑料模具加工工艺。应用此技术制造的塑料模具制品不仅表面质量良好，还不容易发生弯曲变形，既保证了模具制品的质量，又降低了其加工成本。可见，气体辅助技术将成为塑料模具重要加工工艺技术之一。高压注射工艺能够确定和控制更多的塑料模具加工工艺参数，因此高压注射工艺在塑料模具加工行业中也必将受到青睐。

（六）优质经济型加工材料的应用

目前，加工材料价格偏高是造成塑料模具整体价格普遍偏高的主要原因。根据相关资料统计，在整个塑料模具加工过程中，塑料模具加工材料费用占总成本的 10% ~ 30%。因此，降低塑料模具的加工材料成本才能将塑料模具的市场价格拉低。目前，市场上已经出现了一些优质经济型加工材料，模具企业应该大胆地将这些优质经济型加工材料应用到塑料模具加工中，在确保塑料模具加工质量的前提下，降低企业生产成本，提高企业盈利率。

（七）模具抛光趋向智能化、自动化

表面抛光问题是塑料模具加工过程中最难解决的问题。塑料模具表面光整度不仅会影响到模具的整体外观，而且会影响模具寿命。目前，我国仍然采用人工手磨方式对塑料模具进行表面抛光，这种人工抛光方法不仅耗时耗力，而且影响塑料模具的质量。因此，模具抛光加工有向自动化、智能化方向发展的趋势。日本已经有人研制出自动化数控抛光机械，不仅可以对塑料模具进行自动化抛光，还能实现对塑料模具三维曲面的智能化抛光。

大力研发先进的塑料模具加工工艺，不仅能够提高塑料模具的整体加工质量，还能够使塑料模具企业获得长远的发展机会。在上文中，笔者首先对塑料模具加工工艺的现状进行了分析，然后探讨了塑料模具未来的发展趋势，希望能够为我国模具加工工艺的发展提供理论依据。

第四节 模具加工精度的控制方法

在经济全球化的背景下，各行业的发展必须与时代接轨，才能长期生存下去。机械加工厂应充分把握自身的发展方向，采用有效的方式不断提高自身的市场竞争力，控制机械加工生产精确度，使各项工作能够严格按照要求有序进行。通过对机械模具加工精确度进行调整，保证模具的使用功能能够实现。在进行管理工作时，应督促各阶段操作人员的工作，使机械模具加工的精确度能够得到提升。

一、机械模具加工精度控制要点

（一）优化机械模具加工工艺

不同的机械模具应选择不同的工艺方法，在对加工精度进行控制时，应切实满足工作需要，选择适合模具加工的工艺，并严格进行落实。不同的机械模具对使用性能的要求不同，实际中也应充分利用各种工艺的特点，从众多工艺类型中选择与所加工的机械模具相适应的工艺类型。每一种加工工艺有其独到的特点，采用不同的加工工艺也会影响模具加工精度。因此，在进行模具加工时应保证选择的工艺类型与实际需要相符，并不断进行优化，使工艺类型更加满足加工需要，从而不断提升模具加工精度。

（二）确定合适的加工器械

加工器械是加工生产机械模具所必须采用的器材，且在加工过程中会使用到多种器械，对模具最终的功能和效果具有一定的影响力。在加工过程中所采用的器械多种多样，各自具有不同的作用，为保证机械模具加工精度能够得到提高，必须保证使用的加工器械符合标准，并准确选用相应的器械，从而更好地控制各个加工环节，保证各项工作准确完成。合理地选用加工器械是保证模具加工质量的关键，应不断对器械进行升级和检查，保证其质量及规格符合标准，更好地满足加工需要。

（三）形成合适的控制体系

机械模具加工具有一定的过程，根据不同的需要会制作成不同的模具，包括柱形、锥形等各种类型，还包括不规则形状的模具。在加工过程中不仅要对加工器械进行选择，也要选择合适的原料，充分分析模具的实际需求，使模具发挥作用，必须做好各项控制工作。创建并完善控制体系是提高模具加工精度的关键。在实际工作中既要保证工作效率，也应保证工作质量，使机械模具能够发挥其功能。

二、影响机械模具数控精度的因素

（一）人员因素

在进行生产和加工制造环节，人员因素是影响机械模具数控加工技术应用效果的最直接的因素。在生产过程中，工作人员自身的专业素质及对于机械模具数控加工技术的掌握程度，各个部门和生产环节之间的配合效果等，都会在不同程度上影响最终加工成品的精度。工作人员在实际的生产环节中，如果出现了人为操作失误，不仅会对当前生产环节造成影响，还可能会在后续的生产、产品投入使用中，都埋下严重的安全隐患，最终制约现代化工业生产与加工工作进程。

（二）编程因素

机械模具数控加工技术的应用离不开数控机床的编程。在实际的生产加工过程中，如果数控机床的编程环节出现了严重失误，工作人员在编程中丢失或者遗漏其中的某一个环节，最终都会反映到机械模具数控加工成品上。数控机床模具加工编程控制程序中出现了错误，其危害性仅次于人员操作失误的影响。

（三）匹配因素

除了上述两种问题之外，在机械模具数控加工技术应用中，加工工艺和加工设备之间的匹配度，也会影响到机械模具数控加工技术的应用效果，进而影响到模具的精度。如果在生产和加工中，没有对加工工艺与加工设备进行系统化评估，选择了双方无法有效匹配的加工工艺与加工设备，不仅会延误生产进度，同时也会降低生产精度。

三、提高机械模具数控精度的有效性策略

根据前文的分析与论述可以明显地看出，在现代化机械模具数控加工生产领域当中，影响机械模具数控加工技术精度的因素有许多，为了更好地满足机械模具数控加工技术的要求，提高机械模具数控加工技术的精度，相关领域工作人员可以从以下几个方面着手进行操作。

（一）提高人员专业素质

提高机械模具数控加工技术基层操作人员的专业素质及操作能力，可以有效地提高机械模具数控加工技术应用的有效性。在实际的生产和管理工作中，机械模具数控加工厂商，若想确保加工生产的模具满足客户的需求，不仅需要采用行业先进的机械设备进行生产，更重要的是要提高工作人员的专业素质及机械模具数控加工技术应用能力。比如，我国某地区的机械模具数控加工单位，在实际的工作中，定期为直接参与到一线生产和操作的技术人员提供专业化的技术培训和指导。通过理论培训和实践检验的方式，确保员工的专业知识储备与专业操作能力可以在原有的基础上，得到充分的提升。此外，企业内部的人力

资源管理部门，还采用了专业化绩效考核的管理模式，通过此种方式，充分地调动了员工的工作积极性，确保员工以更加饱满的热情和更加专业的技术，参与到模具加工生产环节。

（二）加强设备管理维护

机械模具数控加工技术的有效落实与应用，同样离不开高品质的机械设备。在具体操作中，机械设备的灵敏度与精准度，同样会影响到机械模具数控加工技术的精准度，进而对模具的精准度产生影响。对此，在生产和管理过程中，工作人员要重点关注机械设备的维护与管理。例如，我国某地区的机械模具数控加工企业，根据企业内部的实际情况，制定了相应的机械设备检修与维护管理制度。管理部门的工作人员，需要严格地督促维修检验工作人员，定期对机械设备的运行状态进行检查，一旦发现问题，需要立刻上报处理。此种管理方式，有效地规避了机械本身出现问题导致机械模具数控加工精准度降低的情况的发生。除此之外，检验管理部门的工作人员，还在每次检修和维护工作之后，认真做好记录，在月例会当中进行工作总结与经验交流，为一线生产人员的机械操作方法提供规范性指导意见，确保加工机械可以正常运转与使用。

（三）优化数控编码参数

除了上述两种优化和管理方法之外，机械模具数控加工技术的优化，还需要对数控编码参数进行优化设计。机械模具数控加工技术的操作人员，要明确数控编码程序参数对于机械模具数控加工技术应用的影响，以及对于最终产品质量的影响。在明确了参数对于各个环节的影响之后，工作人员便能提高对于机械模具数控加工技术和数控编码参数联系重要性的认识。比如，我国某地区的机械模具数控加工单位在工作中发现，数控机床的设备编码程序出现误差和错误的主要原因，是编程控制程度始终处于开环状态，进而无法启动智能化调控的作用。针对此种情况，工作人员根据机械模具数控加工技术要求，对编码进行了重新调整，确保了机械模具数控加工生产环节的合理性。

综上所述，在实际的生产和管理领域当中，相关工作人员需要全面地认识到机械模具数控加工技术的应用范围及操作方法，以此提高机械模具数控加工技术的精准度，优化对机械模具数控加工技术的控制能力。技术人员要在实际的工作中，不断地提高自身的专业化操作水平，同时还要加强对设备的维护与管理，优化数控编码参数，总结出机械模具数控加工技术的模具加工优化方法，为现代化建设做贡献。

第五节　高速切削技术在模具加工中的应用

在高速切削加工时，需要考虑的因素有很多，比如，表面粗糙度、切削速度等，进刀方式也需要考虑好。高速切削加工只有在一定的条件下，才能进行，这样效率也很高。高速切削加工在模具加工中有很大的作用，可以使模具迅速成型，提高了效率，也降低了成本，所用时间也缩短了很多。掌握好高速切削技术，就可以快速地完成任务。

一、高速切削加工

（一）高速切削技术

高速切削技术降低了成本，提高了效率，它主要在精加工中应用。如果想要快速地组装好模具，那么就需要提高模具的精度，这就要应用高速切削加工技术。高速切削加工可以使切削加工所用时间大大缩短，那么在抛光期间所需要做的工作就减少了很多。在进行高速切削加工时，一定要注意防护安全，做好安全措施，避免发生意外。高速切削加工技术不仅可以使加工迅速，还可以使利益最大化，使企业发展得更迅速，整个行业的发展也会随之加快。

（二）与传统模具加工的对比

传统的模具加工效率低，成本高，而高速切削加工技术改变了这一现状，可以使模具加工更加迅速，发展更快。传统的模具加工周期长，受人为因素影响较严重，不能适应市场的需求。高速切削加工则周期短，易改变，传统的加工过程繁琐，而高速切削加工过程简单，速度快，所以高速切削加工可以适应时代的发展，可以使企业发展更迅速。

（三）高速切削加工在模具中的作用

不论是机械、刀具还是金属加工都离不开高速切削加工，高速切削加工在不同领域有着不同的作用，但是在每个领域的意义都相同，都为这个领域创造了很大的利益，而高速切削加工在模具中有更大的意义。模具的加工中，高速切削加工起了很大的作用。在模具中有一个非常重要的指标，表面粗糙度的改变需要用进给速度、轴向、径向切削深度、切削速度的影响来改变。

二、高速切削加工在模具加工中的应用

（一）模具制造特征

现代模具更新得越来越快，模具制造需要快速的生产，也就是要提高模具生产的效率。在模具生产时，加工精度必须要高，但是模具的形面比较复杂，工序也很多，模具还需要重复地投入生产中，因为模具的使用是有寿命的，当模具的寿命达到极限时，我们就需要及时更换新的模具，所以模具制造必须更新快，生产还具有一定的重复性。模具在高速切削加工时，需要考虑高速加工的要求，一般选用顺铣来进行加工，原因是只有在顺铣条件下，刀具在刚切入工件的时候，这时的切削厚度达到最大，然后慢慢变小，而逆铣时，则是由小变大从而缩短了刀具的寿命。

（二）模具制造加工技术

模具制造加工技术的发展已经越来越快，它正在向着多功能方向发展。之前模具的制造运用的是电火花加工技术，而现在采用的则是高速切削加工技术，然而高速切削加工技术的要求也很高，要求我们必须研究好切削参数，刀具的进给量等。但是这样提高了模具生产的效率，模具的使用寿命也变长了。模具在加工时，必须考虑到走刀速度及走刀轨迹，如果我们没有使用合理的走刀方式，那么就会超负荷，进而会给加工带来冲击，这种损害非常的严重，所以在高速切削加工时，需要根据不同的材料形状来运用合理的走刀方式，这样工件才能成型。

（三）高速切削加工在模具加工中的作用及优点

模具加工有很强的特殊性，这就要求我们需要具有更好的操作及技术来进行模具加工，高速切削加工可以满足模具加工的这种特殊性，它比一般的切削加工的速度快四倍，并且高速切削加工可以获得更高质量的模具，不过需要研究好切削时的各项数据，这样才能在加工中不出差错。高速切削加工还可以使复杂的工序变简单，高速切削加工一般是用机器进行，这样可以省下大量的手工劳动力，同时成本也会降低。使用高速切削加工时，修复的过程也变得越来越简单，工艺模具的周期也大大缩短了。

模具成为现代化发展的重要装备之一，在各个产品的开发中，都离不开模具，所以模具的生产也变得日益重要。而如果想要快速生产模具，那么就需要高速切削加工技术，这样我国的制造业就会发展迅速。模具的制造代表了一个国家的工业水平的发展，我国如果想要发展好工业水平，那么我们就需要将模具制造发展好。现在高速切削加工技术已经逐渐取代电火花加工技术及普通加工技术，这样缩短了模具制造周期，使我们发展也更加迅速了。高速切削加工的发展已经不容忽视，我们需要与时俱进，跟着时代的潮流，发展好高速切削加工，这样我们才可以为企业、制造业甚至国家带来更多的经济利益。

第六节　模具加工中特种加工技术的应用

随着科学技术的发展、新材料的不断涌现，越来越多的模具采用了具有高强度、高硬度、高韧性、高脆性、耐高温等特殊性能的难加工材料，金属切削加工已经难以应对，传统的加工方法也难以再满足要求，以数控电火花加工为代表的特种加工技术解决了难加工材料的模具加工难题，以激光快速成型为代表的增材制造技术也为模具加工提供了新的加工方法。

一、数控电火花加工技术在现代模具制造中的应用

某些大型模具常规加工方法是退火后进行铣削加工，然后进行热处理、磨削加工，最

后手工打磨、抛光等，加工周期很长。有些零件在热处理时由于结构的原因还可能导致变形，需要二次修整时由于硬度增加，机械铣削加工有时反而无能为力。而数控电火花加工最突出的一个特点就是对材料硬度、热处理状态等没有要求，加工时所使用的工具电极材料一般为纯铜、石墨，可以实现"以柔克刚"。采用数控电火花加工淬火后的模具，既可以避免热变形的弊病，又能减少工序、提高模具强度与延长寿命，可谓一举多得。对于某些高温合金、钛合金类模具，常规机械加工刀具损耗比较严重，有时往往需要购买进口专用刀具，不但加工成本高，加工周期也很长，虽然数控电火花加工效率比常规机械加工要低，但是对于高温合金、钛合金类等难加工材料来说，数控电火花加工的综合成本有时反而会低于常规机械加工。在这种情况下，采用数控电火花加工反而更具优势。

由于数控电火花加工时工具电极与工件材料不接触，两者之间宏观作用力极小，因此不存在机械加工后的应力释放问题，对于某些薄型模具来说，采用数控电火花加工或线切割加工是一个极好的选择。比如，目前先进的慢走丝线切割机床可以使用的最小电极丝直径可以达到 0.02mm，对于某些窄槽类模具可以直接切割成形，从而使零件加工走进了微观尺寸时代。而在以前，对于小于 0.1mm 的细窄槽，常规加工方法根本无能为力。

多轴联动精密数控电火花加工机床的出现使某些复杂结构的模具加工成为可能。比如，某些深腔类复杂模具，以前一般采用分体模具加工，最后组合成型，或者采用复杂电极单轴加工完成，工艺设计比较复杂，所需工装较多。借助于三维软件的强大后处理功能，多轴联动精密数控电火花加工机床可以利用简单电极实现复杂的空间运动，大大简化了数控电火花加工模具的电极设计。比如，某些圆周均布结构，如果采用三轴数控电火花成形机则需要使用数控转台或工装旋转分度，而利用一台内置 C 轴的四轴联动精密数控电火花成形机则不需要任何工装，只需利用 C 轴旋转分度即可加工，大大降低了生产材料成本。

二、激光快速成形技术对模具设计、开发与制造的影响

激光快速成形技术，是增材制造技术的一种，一般形象地称之为 3D 打印技术，它的出现，改变了人们常规的模具设计、开发与制造观念。一般而言，模具的制造成本在整个制造过程中所占比例较大，同时也限制了产品设计的自由。使用激光快速成形技术可以减少传统工艺对模具的依赖，同时也减少了对加工模具所需高精度机床的需求，可以快速进行低成本的单件小批量生产。

激光快速成形技术经过多年的发展，已经具备工程化应用条件，市场上也有比较成熟的商品机出售，所用的材料既有塑料等非金属粉末也有钛合金等金属粉末。对于精度要求不高的金属模具，可以采用激光快速成形技术直接制造，然后采用喷丸、磨粒流加工等工艺进行表面光整，而对于精度要求较高的金属模具则可以采用激光快速成形技术制造，再采用机械加工或数控电火花加工进行精密成型后处理。

有了 3D 打印技术，模具设计可以完全摆脱常规制造工艺的限制，设计人员可以发挥

想象，进行完全面向对象的三维模型设计，经过简单的工艺处理，就可以很快地加工出模具来。激光快速成形技术的出现对模具设计将会带来革命性的变化，可以实现全定制化和个性化的设计与制造。比如，以往设计一套模具为了装配的需要不得不拆分成多个零部件，为了连接还需要增加法兰、螺栓等，导致整套模具不但体积较大，结构也比较复杂。而有了激光快速成形技术则可以不必局限于此，采用激光选区熔化（简称 SLM）技术可以将某些组合空腔、转轴结构直接一体成形；由于激光快速成型后的工件材料性能远优于铸件，加工精度也高于普通铸造，并且没有疏松、气孔等缺陷，对于某些复杂深腔类模具，常规工艺一般采用铸造、分模铣削、电火花加工等技术，工序多，周期长，采用激光快速成形技术可以直接成形；另外，有了激光快速成形技术可以优化模具设计，比如塑料制品的注塑模具，工艺上一般需要有冷却结构设计，常规的方法是根据模具结构单独设计，并且设计时要考虑加工、安装可行性，在冷却效果上也达不到理想的设计效果。对于设计者来说，如果根据模具形状能将冷却管路设计成螺旋结构、S 形结构、交叉非对称网格结构等往往是最理想的，但是常规的制造技术往往难以实现，而采用激光快速成形技术可以很容易制造出来，利用此技术制造的模具在生产注塑产品时可以实现均匀冷却，产品质量也会大大提高。

随着科学技术的发展，3D 打印技术将在今后的模具加工中会发挥出越来越重要的作用。尤其是现代社会节奏快，人们对新产品的要求高，新产品的开发周期越来越短，模具制造业面临越来越激烈的挑战，如何实现设计的快速响应是产品取得成功的关键。采用激光快速成形技术可以在很短的时间内将设计的模型变成产品，大大增强产品的竞争力。在产品设计初期，开发者可以采用 3D 技术直接制造产品进行测试，然后根据用户使用意见修改设计，完善后可以再次试制测试，这样可以大大缩短产品设计周期，等产品定型后就可以进行模具开发设计并实现批产，大大降低产品开发成本。

数控电火花加工技术比较成熟，已经广泛地应用于模具加工中，在某些模具加工中比常规方法更具优势；激光快速成形技术由于在成形精度方面还不能满足模具的加工要求，目前主要应用于产品研发，相信随着技术创新的不断进步，未来肯定会在模具加工领域发挥更大的作用。

第七节　模具加工中线切割技术

由于我国的机械制造加工行业的快速发展，模具行业也随之发展得越来越快。特别是近年来模具零件品种越来越多，形状越来越复杂，曲面零件越来越多，传统的加工技术和加工设备已经越来越难以满足模具零件的加工要求。而线切割技术的出现则很好地解决了这一问题，不仅能加工复杂的模具零件，同时还保证了模具零件的加工精度要求，而且极大地缩短了模具零件加工时所需要的时间，加工过程中自动化程度也比较高。正是线切割技术的这些优点，使得线切割技术在模具加工中的应用越来越广泛。随着模具加工行业的飞速发展，复杂形状的模具零件日益增多，传统模具的加工方法很难满足工件所需精度的要求，线切割加工是在电火花加工的基础上发展而来的，由于其具有不需要制作专用电极、加工周期短、自动化程度高等突出优点，在满足工件加工精度和表面粗糙度的前提下，能够较好地完成加工的任务，不但降低了成本，也提高了加工效率。

一、线切割加工的工作过程

线切割加工是在电腐蚀原理的基础上，连续运动的细金属（如钼丝）以高频电源的负极作工具电极，以工件接高频脉冲电源的正极进行电火花放电切割。具体工作过程为：钼丝正反向往复运动，由脉冲电源提供能量，在工件与电极丝间注入工作液介质，电蚀产物由循环流动的工作液介质带出。工作台在 X、Y 轴坐标方向实现进给运动，并根据电火花的放电间隙做伺服进给运动，从而实现对工件的加工。

二、凹、凸模的加工工艺分析

（1）凹、凸模作为复合模最重要的部件，其加工质量直接影响着工件的加工精度和表面粗糙度。由于冲裁时会受到冲裁力的作用，内部产生很大的应力，切割加工使得内应力重新分配，会导致较大变形的产生，因此，加工前要进行淬火处理，同时，毛坯件的材料及加工路线也会对变形造成影响。

（2）凹、凸模的凹角与尖角。线切割加工过程中，钼丝的运动是以电极丝的中心轨迹来进行的。钼丝直径 d 和放电间隙 ω 使得钼丝运动的中心轨迹与加工表面相差一个 Δ 的距离，即 $\Delta = d/2 + \omega$，计算电极丝的中心轨迹时要考虑该距离 Δ。凹角只得加工成圆角，Δ 越大，拐角处圆弧的误差也就越大。因此，线切割凸类零件时，钼丝运动的中心轨迹应相应加上距离 Δ；凹类零件相应地减去距离 Δ。

（3）过渡圆半径。工件的形状和加工精度是影响过渡圆半径的主要因素，通常过渡圆半径随着工件厚度的增加而相应地增大。凹凸模配合间隙间也应增加过渡圆。

三、模具的结构设计

（1）模具的结构形式。根据铁芯片零件的具体结构、材质及尺寸，选择合理的复合模结构，为确保冲裁的加工精度，本节采用正装复合模结构。

（2）模具的材质。根据电磁铁芯片的零件技术要求，凹凸模选用 Cr12 材料较为合理。经热处理后，其硬度为 58 ~ 60HRC，对于固定板、选料板，选用 Q235 就能满足其要求，而冲孔芯子的材料为工具合金钢。

（3）冲裁压力。根据凹模的刃口长度 l、板料厚度 t，以及硅钢板的抗剪强度 τ 来计算冲裁压力的大小。

（4）凹模的厚度及其外形尺寸。凹模厚度可近似由经验公式求得 $H = \sqrt{0.1F}$ ，式中 F 为冲裁力的大小，同时根据凹模刃口周长的大小，确定是否需要对其凹模的厚度进行修正。

（5）凸凹模的高度。由模具设计手册可知，凸凹模的最小壁厚是 $\delta = 1.6mm$ ，在满足所需强度的情况下，取凸凹模的壁厚为 2.6mm。凸凹模的高度 h 主要由固定板的厚度、卸料板的厚度及其他部分组成，结合实际情况，取其高度 $h = 56mm$。

（6）冲裁的间隙。根据硅钢片 5mm 的厚度，查阅相应的模具设计手册，冲裁间隙通常为 0.02 ~ 0.03mm，在满足工件加工精度和表面粗糙度的前提下，线切割时的初始间隙为 0.01mm。

四、线切割加工的注意事项

①所需加工的工件，表面不能有氧化层，同时其表面要磨平并进行退磁处理；②为避免工件产生变形，需做好充分的准备：凹凸模钻好穿丝孔→加工凹模穿丝孔、定位孔等→热处理→磨削消磁，之后方可进行线切割加工；③线切割加工时，为选择合适的补偿量，加工之前要进行钼丝和放电间隙的检测；④考虑到凹模和凸凹模很小的配合间隙，在保证工件良好精度和表面粗糙度的前提下，不同阶段选择不同的电规准及对机床的调整；⑤若模具采用倒装复合模的结构形式时，加工的凹凸模要有一定的锥度；⑥考虑到切割加工时工件的表面伴随着残余应力、变形、裂纹等缺陷，加工前对凹模和凸凹模进行研磨，以去除其熔化层，减少其缺陷，延长模具的使用寿命。

线切割加工是模具加工的主要形式之一，尤其在复杂形状的加工扮演着极为重要的角色，本节通过实例详细阐述了线切割技术在模具加工中的应用，制定出合理加工工艺路线，对提高工件的加工精度、改善工件表面粗糙度有着重要的影响，实际效果表明，该技术的应用达到了良好效果，从而提高了生产效率，为以后类似产品的加工提供了一定的参考价值。

第五章　数控加工设计

第一节　数控加工的相关工艺

以数控机床等为代表的自动化机床的出现，实现了传统机床向自动化、信息化、精确化模式的转变，极大地提高了工业生产水平。但是由于数控机床具有结构复杂、元件精密高、自动化程度高等特点，就要求我们不能够沿袭传统机床的加工工艺模式，而是应该结合数控机床自身的特点进行针对性工艺方案确定。本节就数控加工工艺设计进行讨论，以期为相关研究提供一定的借鉴。

一、数控机床概述

（一）数控机床工作原理

在利用数控机床进行工件加工时，首先利用编程软件将工件的轮廓尺寸及加工步骤、顺序用编程语言描述出来，其次通过程序输入界面将程序语言输入数控装置，数控装置将程序语言转换成数控机床能够识别的加工信息，最后按照加工信息驱动各坐标轴运动，并且在控制中进行实时反馈，使得数控机床的刀具能够严格按照预定程序运动，准确地加工出工件的外部轮廓形状。在数控机床工作中，刀具按照控制程序运动，其相对于各坐标轴的运动单位是通过脉冲当量计算的。当刀具走刀路线为圆弧或者曲线时，数控装置通过识别加工起点与加工终点的位置，然后在两点之间进行数据点密化处理，将圆弧或者曲线用一段段小直线代替。在加工过程中判断走刀点位于加工曲面内侧还是外侧，进而调整数控机床刀具的运动方向，从而保证被加工工件表面轮廓尺寸的精度。由于数控机床刀具走刀不可能完全沿着曲线表面运行，通过"数据点的密化"对加工段进行插补，在保证工件精度要求的前提下，尽可能实现走刀路线与曲面外形的拟合。

（二）数控机床的特点

现代数控机床集高效率、高精度、高柔性于一身，具有许多普通机床无法实现的特殊功能，它还具有以下五个特点。

（1）通用性强。在数控机床上加工工件时，一般不需要复杂的工艺装备，生产准备简单。

当工件改变时，只需更换控制介质或手动输入加工程序，因此解决了机械加工单件、小批生产的柔性自动化问题，可显著缩短生产周期，提高劳动生产率。

（2）加工精度高、质量稳定。数控机床上综合应用了保证加工精度、提高质量稳定性的各种技术措施，因此控制精度高；机床零部件及整体结构的刚度高，抗震性能好；自动化加工，很少需要人工干预，消除了操作者的人为误差和技术水平低的影响；在自动换刀数控机床上可以实现一次装夹、多面和多工序加工，可以减小安装误差等。

（3）生产效率高。数控机床结构刚性良好，可进行强力切削，有效地节省机动时间，还具有自动变速、自动换刀、自动交换工件和其他辅助操作自动化等功能，使辅助时间缩短，而且无须进行工序间的检测和测量。生产效率比普通机床高得多。

（4）自动化程度高。除装卸零件、安装穿孔带或操作键盘、观察机床运行之外，其他的机床动作直至加工完毕，都是自动连续完成。可大大减轻操作者的劳动强度和紧张程度，改善劳动条件，减少操作人员的数量。

（5）经济效益好。数控机床的加工精度稳定，降低了废品率，使生产成本进一步下降。

二、数控加工工艺设计

（一）划分数控加工工序

在数控机床设备条件允许的情况下尽可能选择集中工序加工，这样可以有效降低工件的装夹次数，提高加工效率。但是考虑到工序过于集中会增加设备的负担，同时加工工序过长，加工出错率也会增加，因此需要根据实际情况确定加工工序的集中与分散程度。同时将粗、精工件加工分开，对较易产生变形的工件粗加工后进行修正及残余应力的消除，以保证精加工质量。

（二）合理安排工序的先后顺序

①先安排加工精度低的工件，再安排加工精度高的工件；②考虑加工中工件会发生形变，应该将加工后形变大的工件安排在后面的工序；③要求各工序加工之间能够互不干涉，即要求上道工序不能够影响下道工序的加工及夹具的安装定位；④尽可能减少加工工序的数量、夹具的装夹次数及刀具的更换，尽可能采用一次工序、一次工装、一把刀具完成最多的加工流程，从而有效提高数控机床的加工效率，减少无用加工工序；⑤对于有特殊要求的工件要进行单独工序安排，如经过渗氮处理、热处理的工件；⑥加工顺序的安排应根据零件的结构和毛坯状况，以及定位安装与夹紧的重要性来考虑，重点在于工件的刚性不被破坏，以保证整体零件的加工精度。

三、数控加工的工序设计

对于数控加工工序设计来说，其主要任务是进一步细化各道工序的加工内容、刀具的运动轨迹、工件的装夹与固定方式及工件的切削量等，进而为编制加工程序做好准备。

（一）确定走刀路线和安排工步顺序

数控机床的走刀路线是工件加工过程中，刀具按照预定的编程程序运动的空间轨迹。走刀路线不仅反映了工步的内容，也反映出工步顺序，因此走刀路线对于数控加工工艺设计来说具有重要的意义。为了保证设计的走刀路线与实际走刀路线的契合度，在确定走刀路线时应该做出工序简图，将走刀的进刀及退刀方向、距离进行清晰的标注。在确定刀具的走刀路线时应该考虑以下几点：①在保证工件能够加工完成的基础上，尽可能选择最短的走刀路线，以缩短刀具的走刀时间，从而在最短时间内加工出最多的工件；②在选择走刀路线时，尽可能选择对工件形变影响较小的路线，从而有效降低加工中工件的形变程度；③在刀具起刀、抬刀时应该避免在工件轮廓表面上直接进行，应该避开工件的轮廓面，从而有效避免刀具对工件表面造成的划伤[1]。

（二）夹具的确定

在进行工件夹具确定时应该坚持以下原则：①力求夹具设计、工艺与编程计算的基准统一，提高工艺方案的执行效率；②尽可能做到一次装夹进行相关工序的加工，尽可能保证最少的装夹完成工件轮廓表面的加工，尽可能将相同工装的减少装夹次数，尽可能一次装夹加工出全部待加工表面，对于相同工装的夹具应该安排在一起进行；③保证夹具的坐标方向与机床坐标方向相对固定，能协调零件与机床坐标系的尺寸，避免加工过程中因夹具坐标方向与机床坐标方向变化而造成的尺寸误差；④夹具要开敞，不能与刀具的运动轨迹相干涉；⑤当零件加工批量小时，尽量采用组合夹具、可调式夹具及其他通用夹具，尽量避免采用专用夹具；⑥当工件需要进行中批或大批生产时，才考虑采用专用夹具，为了降低夹具成本，应该尽可能采用结构简单的夹具；⑦当工件批量较大，有条件时，应采用气动、液压夹具及多工位等高效夹具，以提高机床的加工效率。

（三）刀具的选择

①刀具的类型应与加工的表面相适应，数控机床、刀具、辅具（刀柄、刀套、夹头）要配套；②刀具的几何参数应力求合理，要有较高而且较为一致的刀具耐用度以及足够的刚性。刀具规格、专用刀具代号和该刀具所要加工的内容应列表记录下来，供编程时使用。

（四）确定对刀点与换刀点

对刀点就是刀具相对工件运动的起点，常常把对刀点称为程序原点，其选择原则如下：①找正容易；②编程方便；③对刀误差小；④加工时检查方便、可靠。为防止换刀时碰伤零件或夹具，换刀点常常设置在被加工零件的外面，并要有一定的安全量。

（五）确定切削用量

切削用量的合理选择对提高生产效率和加工质量有直接影响，应根据数控机床使用说

---

[1] 郑成思 . 知识产权论 [M]. 北京：法律出版社，2003.

明书和切削用量选择原则,结合实际加工经验来确定。最好能做出切削用量表,以方便编程。

四、数控加工工艺编程的内容和步骤

(一)设计出正确的加工方案

工艺编程人员要认真分析待加工工件图纸,综合考虑待加工工件的轮廓尺寸、精度要求、材料性质、原材料的热处理要求等工艺要求,从而确定出最佳的工艺加工方案。同时在加工方案确定过程中,要结合数控机床的加工精度、尺寸、刀具硬度、夹具工装等要求,保障加工方案能够实现。

(二)工艺处理

在进行工艺处理时,要准确找出刀具的对刀点、起刀点,并且根据工件的加工路线和待加工工件的进刀量,保障数控机床能够快速高效完成加工任务。在综合考虑现有工艺技术要求的基础上,进行工艺编程。

(三)数学处理

主要任务是根据图纸数据求出编程所需的数据,一般多采用专门的编程软件进行数据编程,或者是将二维或者三维数据通过软件转化为加工程序。

(四)编写程序清单

数控机床编程人员要结合数控机床的编程形式,不同的数控机床其编程指令编写及程序格式不相同。编程人员根据被加工工件的加工要求进行编程语言的编写,并且在程序语言编写完成后认真检查程序指令、格式是否存在错误,及时检查出错误并进行修改,避免因为编程问题对数控机床加工造成的不利影响。

数控机床自动化程度高,但其适应能力较差,在数控编程完成后较难进行调整,因此数控机床没有通用机床的灵活度与自由度高。为了保证数控机床的正常工作,就需要从工件加工的每一个环节入手,真正将工艺方案做精做细,从而使得数控机床能够按照预定的程序工作,进而提高工件的加工质量与效率。

第二节 高效数控加工技术的应用

随着时代的发展和技术的进步,机械零件逐渐向精密化和微型化发展,数控技术由于兼具精度和微型化特点而逐渐被应用于微型化精密零部件的加工中。随着数控技术的不断发展,其应用不仅能够解决工业生产中精密化生产问题,还能够提高我国制造业在国际上的竞争力。随着我国制造业水平的不断提高,数控机床技术也得到广泛的应用,但是调查发现我国数控机床的加工效率只有30%左右,与国际水平差异较大。因此,随着科技的快速发展，寻找出提高数控机床加工效率的方法是当前机械行业的一个重要议题，其成功与否将直接影响我国的机械加工水平的高低。

一、高效数控加工技术

高效数控加工技术顾名思义就是指在保证加工零部件质量和精度的情况下，实现对加工效率的提高及成本的降低，这符合绿色制造的要求。高效数控加工是加工工艺、数控技术及加工效率三者之间的有机结合，是机械制造业向前发展及高尖端和高精密仪器需求下的必然趋势。研究发现，提高数控加工技术效率的途径主要有提高切削速度、改善数控机床的联网操作模式和数控加工管理技术，本节将主要针对这三种方法进行研究。

（一）高速切削加工

高速切削加工是通过提高机床的转速和改变单次吃刀量来实现的，高速切削技术的提出不仅能够满足现代化产业高速发展的需要，也为缩减企业人力和物力耗损，提高企业效益提供了一种有效的途径。高速切削技术因其在高精密工件和微细化生产中的独特优势而被应用于航空航天、深海潜水器及火箭等对精度要求较高的机械零部件的加工中。在生产过程中，为实现工件的高速切削，就需要对车间现有的加工设备进行合理的配置，如高性能特种刀具、工艺程序及高效的冷却措施等，而且需要在零件加工前设置合理的加工程序和切削工艺参数等。

（二）数控机床的组网技术

随着互联网技术的快速发展，通过网络化技术来提高数控机床的加工效率成为实现数控机床加工效率提高的有效途径。在工业生产中，通过互联网技术将数控技术连接起来，不仅可以实现对数控机床的远程控制，达到节约人力成本的目的，也可以使得操作人员通过控制界面和接口对设备进行操作，实现现代生产所要求的机器代替人工计划，还可以优化数据和命令传送的路径，实现高效数控机床加工的目的。组网后的数控机床不仅可以实现对车间内机床的统一管理，节约计算机运营成本和图纸、程序及工艺的集中管理的目的，也可以实时完成对数控机床故障监测，以提前根据监测数据对设备进行检修，解决因机床维修而带来的生产计划迟滞问题。

（三）数控加工的管理技术

随着科技及现代机械加工工业管理理念的进步，要达到提高数控加工效率的目的，必然需要数控加工技术及管理理念的完美配合来实现，即在生产加工阶段，加工生产过程必须有相对应的管理来进行调控。研究表明，一套完整的数控加工管理体系，不仅能够优化数控加工工艺，而且能够对数控加工过程中所用到的原材料、加工设备和人工进行合理配置。如在一项数控加工作业确定后，企业生产管理部门可以根据数据加工管理体系对车间内的数控机床、原材料和人工进行合理安排，通过缩减各工艺衔接所花费的时间和精力提高生产效率。因此，通过改善数控加工管理体系和精简命令传达中间环节是实现工业化生产效率提高的可靠途径，这不仅有助于提高工件的生产效率，还可以改善企业的管理效率，降低企业管理成本并使数控加工效率明显改善。

二、制约数控加工技术效率的因素

（一）机床未及时保养

生产任务重，许多机床未及时做维修和养护处理，这样就有可能导致机床在进行加工过程中出现故障的概率大大增加，进而影响工件的加工效率。

（二）资源配置不合理

在机械加工生产过程中，由于生产资源如原材料、车床、合金刀具及夹具等配置不合理，影响数控加工中工件的有序加工和切换，影响加工效率和成品率。

（三）加工工艺和程序未及时优化

在机械零件生产过程中，工件的加工精度和加工复杂性都需要制定专门的加工工艺和数控程序来进行加工，但是在生产中往往因为加工任务重及程序编程复杂而导致工艺和程序优化不及时，进而导致加工精度低、加工路线复杂和加工过程繁琐等现象的发生，这些情况都会在一定程度上降低工件的加工效率。

三、提高数控加工效率的措施

（一）实施有效的生产管理办法

生产计划制订和管理部门在生产过程中，需要根据机床使用情况及时对机床进行养护和维修，并针对现有的机床设备制订合理的生产计划，在确保机床故障率较低的情况下保证机床使用的合理化和有序化，进而提高数控加工的效率。

（二）建立数控刀具库

在使用数控机床进行工件加工时，需要使用不同规格和材质的刀具进行加工操作，通过建立数控刀具库来改善刀具更换的效率，不仅可以提高降低人工成本，也可以大大提高切削效率。因此，在原有数控机床上建立完善的数控刀具库是提高零部件加工效率的有效措施。

（三）及时优化加工工艺

工件加工前，数控加工工艺人员需要综合考虑数控加工效率和工艺，以期在最优工艺条件下实现提高工件的加工质量和效率的目的。及时优化工件的加工工艺，不仅可以有效地提高工件的加工效率，也可以在一定程度上简化工件加工过程，提高工件的加工精度。

研究发现，虽然目前我国数控加工技术取得了喜人的阶段性发展，但是与世界领先水平相比仍存在不小的差距。因此，通过有效的管理方法、增添刀具库和优化工艺手段来提高数控机床的加工效率对于提高我国机械制造业的整体水平具有积极的意义。

第三节　数控加工刀具的选择

自 20 世纪 80 年代以来，可转位不重磨刀具已被各国广泛应用，但是可转位不重磨刀片及刀具 CAD/CAM 技术的应用和发展，使刀具结构设计及切削部分的形状种类变得十分繁多，给机械加工和刀具设计人员合理选择刀具带来一定困难。同时，刀片型号的增加也给刀片采购和销售带来不便，为用户快速、高效及正确选择刀具增加困难。为使企业对市场需求迅速做出响应，在切削加工中，快速高效选择刀具成为切削加工系统的客观需求。根据不同加工特征，自动选择所需刀具对实现高度自动化切削加工或无人加工具有十分重要的意义。

一、数控加工常用刀具的种类及特点

数控加工刀具必须适应数控机床高速、高效和自动化程度高的特点，一般应包括通用刀具、通用连接刀柄及少量专用刀柄。刀柄要连接刀具并装在机床动力头上，因此已逐渐标准化和系列化。数控刀具的分类方法有多种。根据刀具结构可分为：①整体式；②镶嵌式，采用焊接或机夹式连接，机夹式又可分为不转位和可转位两种；③特殊形式，如复合式刀具，减震式刀具等。根据制造刀具所用的材料可分为：①高速钢刀具；②硬质合金刀具；③金刚石刀具；④其他材料刀具，如立方氮化硼刀具，陶瓷刀具等。从切削工艺上可分为：①车削刀具，分外圆、内孔、螺纹、切割刀具等多种；②钻削刀具，包括钻头、铰刀、丝锥等；③镗削刀具；④铣削刀具等。为了适应数控机床对刀具耐用、稳定、易调、可换等要求，近几年机夹式可转位刀具得到广泛的应用，在数量上达到整个数控刀具的 30% ~ 40%，金属切除量占总数的 80% ~ 90%。

数控刀具与普通机床上所用的刀具相比，有许多不同的要求，主要有以下特点：①刚性好（尤其是粗加工刀具），精度高，抗震及热变形小；②互换性好，便于快速换刀；③寿命长，切削性能稳定、可靠；④刀具的尺寸便于调整，以减少换刀调整时间；⑤刀具应能可靠地断屑或卷屑，以利于切屑的排除；⑥系列化，标准化，以利于编程和刀具管理。

二、数控加工刀具的选择

刀具的选择是在数控编程的人机交互状态下进行的。应根据机床的加工能力、工件材料的性能、加工工序、切削用量及其他相关因素正确选用刀具及刀柄。刀具选择总的原则是：安装调整方便，刚性好，耐用度和精度高。在满足加工要求的前提下，尽量选择较短的刀柄，以提高刀具加工的刚性。

在经济型数控加工中，由于刀具的刃磨、测量和更换多为人工手动进行，占用辅助时间较长，因此，必须合理安排刀具的排列顺序。一般应遵循以下原则：①尽量减少刀具数量；②一把刀具装夹后，应完成其所能进行的所有加工部位；③粗精加工的刀具应分开使用，即使是相同尺寸规格的刀具；④先铣后钻；⑤先进行曲面精加工，后进行二维轮廓精加工；⑥在可能的情况下，应尽可能利用数控机床的自动换刀功能，以提高生产效率。

三、车削加工特征的刀具选择及方法

（一）车刀选择原则

加工特征是指零件在加工过程中与该加工工序相关的加工信息集成。如外圆车削特征可包括起始直径（加工前的零件直径）、最小完成直径（零件加工后允许的最小直径）、最大完成直径（零件加工完后允许的最大直径）、加工长度、刀尖圆弧半径及工件刚度等特征参数，加工特征能比较准确地描述工件的加工要求，而这些要求是选定机床、夹具、刀具及其工艺参数的前提。由于每种加工特征都需输入多个特征参数，为使刀具选择变得简捷方便，这里只对各种加工特征进行定性描述。根据起始直径和零件加工完成直径值将车削加工分为粗加工（半精加工）和精加工两类，根据零件刚度将其分为刚度高和刚度低两类。综合上述要求，将外圆车削加工分为以下四种加工特征：①车削外圆（粗切或半精切，刚度高）；②车削外圆（粗切或半精切，刚度低）；③车削外圆（精切或半精切，刚度高）；④车削外圆（精切或半精切，刚度低）。

根据上述定性描述的加工特征来选择刀具。例如，加工特征为车削外圆（粗切或半精切，刚度高）时，因粗加工或半精加工主要是切除多余金属，切削力较大，故应选择稳固的刀片夹紧方式，刀尖角尽可能大一些，以增加刀尖强度。减小主偏角会导致径向分力 F_y 增大，当工艺系统的刚度较强时，可适当减小刀具主偏角。小的刀具主偏角能够增加参与切削的切削刃长度，减少单位长度切削刃的负荷，从而延长刀具的使用寿命。

（二）刀具选择方法

根据用户选择的夹紧方式确定刀具的第一号位，再根据第一号位进行第一次选择，将符合所选夹紧方式的刀具全部选出来，程序将在此次筛选的基础上确定第二、三、四位的代号。当用户选择了加工特征后，根据表中的选择原则，对二、三、四位的相同号位进行"或"运算，不同号位进行"和"运算，从而确定刀具的前四位代号，这样就可根据所确定的刀具代号从刀具数据库中选择出符合加工特征要求的刀具。

由于现代机械加工中切削刀具种类的复杂繁多，为实现刀具牌号的快速自动查询，设计建立了基于加工特征的刀具选择系统。它可对目前切削加工中经常出现的各种特征进行分析，优化总结出几种适合普通生产需求的基本特征，并对不同加工特征制定出相应的推理规则，根据用户所选刀具的不同加工特征，触发相应的推理规则，从而选择出加工所需的刀具。刀具选择系统的建立实现了在切削加工中对刀具进行快速选择，减少人工查询操作，节约了劳动时间，提高了生产效率。

第四节　数控加工过程中的质量控制

由于产品质量会对企业的发展带来直接的影响，因此通过合理运用数控加工技术，不仅可以解决产品加工中一些问题，而且能够有效地提高产品加工的质量，全面提高产品生产效率。在数控加工过程中，需要重视工序质量的控制，即对数控加工过程进行质量控制，以此来全面提高产品的质量，增强企业的核心竞争力，确保企业经济效益目标的实现。

一、对数控加工过程质量控制带来影响的因素

机械产品在加工过程中，其中一道工序或是几道工序可能会对产品的最终质量带来决定性的影响。因此在数控加工过程中，需要对产品加工过程中一些关键工序的加工质量进行严格控制。在实际产品数控加工过程中，机床刀具、材料、操作方法和生产环境等因素都会对产品加工质量带来较大的影响，特别是某个特定因素对特定加工对象会起到决定性作用，即在加工产品质量控制方面处于支配的地位，因此在数控加工过程中，需要根据具体的加工对象来对各加工工序质量进行分析，以此来确定各因素与关键工序加工质量之间的关系，并以此来制定具体的质量控制标准和策略，从而确保产品的加工质量。

二、数控加工过程中质量控制的措施

（一）优化数控加工工艺方案设计

该设计对零件数控加工内容、数控加工工艺路线、数控加工程序和数控道具等内容进行确定。相较于普通机床，数控机床自动化程度较高，控制方式也不同于普通机床，其工艺内容更为具体，工艺设计更精细化，加工过程中具有较强的适应性。因此在程序编制之前需要对数控加工工艺方案设计进行优化，确保数控加工工艺设计方案的质量，确保加工的精准性，使加工效率能够大幅度提高。可以说在数控加工过程中，数控加工工艺方案的质量会对数据加工过程中的质量起到决定性的作用，因此需要对数控加工工艺方案进行优化设计。

（二）编制数控程序

数控编程通过数控程序指令代码会输出相应的结果，指令代码能够直接反映出数控加工工艺方案，对其准确性具有较高的要求。这不仅要求处理零件数学模型要做到准确无误，同时还要对编程坐标系正确定义，并对正确的刀点、安全平面和数控机床属性进行正确设

置。零件数据加工中的各个工序也要正确选择，即利用与机床数控系统语法格式的指令字母来具体对各个工序进行描述，针对零件材料加工的特征、刀具切削特征和零件加工余量等因素来具体选择切削的参数。而且在整个刀具运行过程中，数控机床工作台、被加工的零件、刀具与夹具不能存在过切、欠切、碰撞及相互干涉等问题。针对数控加工特点来编制数据程序，正确选择加工方法和内容，以此来更好地发挥出数控机床、数据系统的功能，从而获取到高效的数控设备程序运行效率。

（三）选择恰当的质量控制方法和工具技术应用系统

数控加工过程质量控制首先是把工序的质量波动划分在合理的界限内，其主要的内容是，考虑质量体系文件与工序加工流程并制定相应的质量策划方针，确定需要控制的工序质量指标的质量控制点。其次，对工序的能力进行调查，全面地对工序的因素进行分析，寻找对工序起主导作用的工序，编制工序质量表，并对数控加工质量进行控制。在质量控制过程中要详细实时地掌握数控加工工序动态过程中的质量指标数据，并对质量指标数据进行相应的整理、分析、评价，并得出有价值的工序质量状况。干预工序质量波动中的主导因素，最终实现对数控过程质量控制的效果。调查表、分层法、直方图及控制图等都是数控加工过程质量控制的主要方法。在实际运用的过程中，需要对数控加工工序生产过程中的质量数据信息进行分析，综合考虑操作人员的实际技能水平，做到灵活、高效，选择不同的质量控制方法，最终实现数控加工过程质量控制的效果。

（四）控制好刀具质量

数控机床需要通过刀具和工件间的相对运动来实现切削加工，刀具的磨损情况对加工表面的粗糙度和关键工序尺寸的加工精度影响很大。现实中，刀具磨损量在切削刚开始时增加得很快，但在开始一段时间后，磨损量的增加就与切削路程成正比，待磨损超过一定程度后又会急剧增加，而这时就必须停止加工，进行刃磨或更换刀具。现实中，影响刀具磨损的因素较多，需要针对具体的因素来采取相应措施来控制加工质量：首先，根据零件材料选择合适的刀具；其次，合理确定切削参数；最后，对刀具的磨损情况进行在线监测，一旦发现其进入剧烈磨损阶段，就必须立即进行更换以保障加工质量。

（五）数控加工方法的控制

对于数控加工过程而言，加工前的刀具安装角度会对工序质量产生影响，比如，刀具安装不牢固就会造成加工时产生剧烈振动，进而影响加工质量。因此，有必要在加工前对刀具的安装情况进行严格检查。同时，为了确保关键工序的加工质量，一般要在工序加工后进行测量检验，为加工质量评判提供依据。但测量过程本身就包含了各种误差因素存在，进而致使测量结果与真实值间存在误差。为了提高测量精度，可以在对经过关键工序后的工件进行测量之前，了解所采用的测量仪器和方法所能达到的测量精度，然后依据工序中的关键尺寸精度控制要求合理选择测量工具和方法。

（六）组建一支高素质数控技术人才队伍

数控加工过程中每一个环节都离不开数控程序编制的工艺员、数控操作人员和相关的检验人员，这些人员的专业技术水平会对数控加工过程的质量带来直接的影响。在具体数据加工过程中，由工艺技术人员负责程序编制，工人负责数控刀具准备工作，人员工作量较为繁重，加之个人技术水平和文化程度的高低也对数控加工质量的提高带来了一定的制约影响，因此需要定期对数据技术人员进行培训，全面提高数据技术人员的整体水平，打造一支高技能专业性的数控技术人员队伍，全面提高数据工艺的质量。

通过加强对数控加工过程质量进行控制，可以有效地提高零件加工的质量。因此在数控加工过程中，需要进一步优化数控加工工艺方案，准确进行数控程序编制，并选择恰当的质量控制方法，全面提高数控技术人才队伍水平，从而保证数控工艺质量的提高，确保产品达到较好的精密度。

第五节　数控加工过程可视化的实现方法

工业在生产过程中，需对 NC 程序进行验证，利用蜡模或塑模加工，加工后对工件进行测量，进而验证 NC 程序的正确性。在科技发展的同时，检验 NC 程序过程中，研究方向转变成仿真图形，建立仿真模型并通过仿真对数控加工过程进行监测，这种加工过程的可视化成为今后数控加工的发展主流。

一、数控加工的仿真方法

（一）直接实体构造法

该方法一般用在边界表示法或体素构造法中，在仿真过程中，利用计算法扫描毛坯中的刀具，得到的结果是经过加工的模型，但该应用会受到很多方面的限制，导致不能够动态仿真。

（二）空间分割表示法

直接实体构造法之所以在应用上受到限制是因为布尔运算较为复杂，而空间分割表示法能够解决这个缺点，该方法将实体分为几个元素，使布尔运算在操作时更加简单。实现方法的不同基于基本形式的不同：深度体素数据结构法、八叉数据结构法等，都能够将走刀次数和时间多少进行加工仿真处理，这些方法能得到减少零件加工与测量事物的方法。

（三）离散矢量求交法

该方法一般用在对加工中产生误差的运算，通过定位、离散、求交将设计曲面上的刀具与预选点的距离进行计算，在曲面的设计上离散点的任何一个有与之相关的矢量，检测误差后，对刀具和离散点矢量的距离进行计算，不能实现加工仿真。空间分割表示法和离散矢量求交法的优点是能够使模型简化，并使绘制的实时性得到提高，对刀具掠面与零件表面的距离进行计算，得出三角片顶点的高度值，进而实现加工仿真。

二、可视化的设计思想和软件的开发

（一）方案的设计理念

数控车床在加工过程中，可视化研究是数控车床自动编程的延伸，在加工前对车床进行设计，能在虚拟中实现零件的加工，加工后检验数控程序。在检验中，发生危险碰撞等情况应对零件的加工程序进行分析。关于可视化的研究，国内外专家有不同的见解，对可视化的开发是为了减小生产周期，提高公司经济效益，因此，在加工过程中，应对以下问题进行解决：①设计面向对象；②几何建模；③对 NC 程序进行编程；④对加工过程的检验；⑤仿真加工过程。

（二）可视化软件的开发

可视化软件也称为环境构造程序，其任务是参与者在设计过程中遇到的物和景，因此，设计人员应对虚拟中的各种行为进行考虑。应用在程序中，计算机程序能够对可视化的物体进行建模，进而形成骨架。因此，物体就有了基本的轮廓，在物体上添加色彩和阴影，就会达到预期效果。

三、模型的建立和绘制

（一）铣削模型的建立

①在一定的精度下，零件被格化，随后使网格中的方向拆分为两部分，进而使加工的工件成为三角片化。②规定一个高度的缓冲区，在得到网络节点后，将其高度值存放在缓冲区。③使加工后的表面相近的零件在垂直的前提下进行网格化，并使网格一分为二，进而得到网络模型。

（二）车削模型的建立

将零件网格化，并将其一分为二，得到三角片化。规定高度缓冲区，将节点设置成零件半径，存放在缓冲区，使车削旋转体的两个面三角片化，进而得到三角模型。这种方法是有规则的离散点，但每个节点都需存在缓冲区，增加了存储的空间，技术人员在读写时更方便，提高了绘制模型的实时性。

（三）模型的绘制

在零件的三角片完成后，能够利用软件对三角片进行绘制，并能够看到零件的外观，因三角形的顶点是网格节点，节点的高度值就是存储区域的数值，因此，使用正确的方法建模就能够得到网格节点，并轻易地绘制出三角片。

（四）动态仿真模型重构算法

在车削过程中，车削模型可变成铣削模型，这样一来铣削模型中就能够包含车削模型，转换过程中，车道的运行轨道也应有同样的转变。首先应根据刀具的运行轨迹对刀具的掠面进行计算，在此过程中走刀完毕可结束计算。其次在最小范围内，将对应的节点求出，如果节点落在了掠面内，就应在掠面上投影节点，若所有的节点都完好，就可根据刀具的轨迹进行走刀。再次在掠面上投影节点，求得计算值，计算出来的结果就是高度值。最后取出节点的高度值，并比较加工的高度值，如果高度值比较大，就应进行加工，并在范围中计算出节点。

本节主要对车削和铣削模型的建立做出了简单介绍，模型的计算方式使加工的精度和实时性得到提高，对车床运动的仿真使系统达到期望值。当然，数控加工过程可视化的方法还存在很多问题需要更多专业人士解决，希望在科学技术进步的今天我国数控车床的发展能够越来越好。

第六节　影响模具数控加工质量的因素

随着工业化水平的不断提高，现代模具事业发展迅速，在根本上需要较高的模具数控加工质量与较高水平与之相适应，也就是说，模具数控加工成为影响机械加工的重要因素，是核心环节，与加工制造水平息息相关。基于此，要重视分析影响模具数控加工质量的主要因素，切实提高模具数控加工整体水平。

一、结合行业发展深入分析影响模具数控加工质量的因素

（一）模具数控加工精度深受机床设备的影响，装夹环节事关模具稳固效果

对于模具数控加工，加工精确度的实现主要依托机床来实现，是完成零部件生产的重要设备，也是影响模具数控加工质量的主要因素。另外，在模具数控加工过程中，装夹是重要环节，作用是进行有效固定，强化模具位置的准确性。一旦机床与装夹工作不到位，处理不科学，很难保证模具数控加工的整体质量，无法保证模具加工的安全性，从而造成资源浪费。

（二）加工刀具类型及材质是影响模具数控加工整体水平的重要因素

对于模具的使用，刀具是必不可少的，优质的刀具对模具加工影响较大。如果模具加工不合适，无法推动模具数控加工的顺利进行，很难维护模具切割位置的准确性，整体切割效果不佳，在根本上破坏模具数据加工质量的稳定性与安全性。立足当前，刀具的主要

材料为硬质合金，韧性与强度都较高，操作速度快，准确率较高，对提高模具数控加工整体质量具有重要作用，有利于满足机械生产制造的实际需求。

（三）加工技术先进性与否事关数控加工质量，决定模具产品的标准性与达标性

立足模具数控加工，加工技术的应用是关键性要求。对于传统加工技术，准确性相对不高，影响整体加工质量，使得加工完成的模具存在不达标现象，与国家及行业标准存在差距，给整个数控加工技术的应用增加复杂性，造成严重的资源浪费。

二、模具数控加工基本流程

对于模具数控加工而言，为了切实提高加工水平，首先，要制订科学的设计方案，保证目标明确，掌握设计的总体要求。其次，要积极采用先进的绘制软件，明确模具加工的具体形态，以模具导向为基础，进行合理设计。另外，在模具数控加工过程中，辅助工具不可缺少，以便更好地应对模具加工的复杂性，形成科学有效的方案。

三、如何全面提高模具数控加工质量水平

（一）科学选择机床与装夹设备，力求具备较强的适应性与科学性

立足模具数控加工，首要任务需要进行机床与装夹设备的准备工作，保证在速度上与精度方面满足加工技术要求，为模具加工质量与效率的提高奠定基础。其次，要重视模具加工周期的有效缩短，保证装夹具备较高的操作效率，保证装夹与机床后期维护管理的有序推进。具体地讲，在进行机床与装夹设备选择的时候，要明确工件定位基准面，结合定位情况，选择大小适宜的机床与装夹设备。而后，在选择的过程中，以夹具位置为依据，对元件进行定位。在机床与装夹设备完成准备之后，要对其进行检测，力求准备工作的可靠性与安全性。

（二）合理进行刀具选择，保证参数准确，提升与机床的结合度

对于模具数控加工，刀具极其重要。当前，应用较多的刀具主要是 HSK 刀具及 BT 刀具，锥柄接口的比例为 24 ：7。在使用过程中，要注重刀具与机床的有机结合，保证在高速离心力的影响下，有效提高锥面的配合效率，切实提高模具数控加工的质量。通常，主轴旋转速度为 16000r/min，对 HSK 刀具进行定位，强化与机床的有效结合，增强紧密性，切实提高加工效率。刀具类型多样，包含硬质合金刀、球头刀及锋钢刀等。为了切实降低加工成本，需要选择大直径的刀具，同时，对于精加工的模具，需要保证内部轮廓直径大于刀具直径，目的是避免切割痕迹的存在，保证较好的加工质量。

（三）构建完整与高效的模具数控加工方案，强化对加工操作的有力指导

为了推进模具数控加工流程的顺利进行，要重视构建针对性强、效率高的加工方案。

具体地讲，首先，要进行机床的合理选择，同时，明确加工方法与手段；确定模具加工的零件，选择装夹模具工具；谨慎确定模具加工模式与方法；结合加工需要，选择合适的刀具；进行数据加工排序与定义加工，对软件进行编程、设计，以此形成完整的模具数据加工方案，强化加工全过程监控。另外，对于模具数控加工人员，要在操作中融入创新思维，促使整个加工方案更具科学性与合理性。

（四）加快模具数控加工软件升级与更新，有效发挥对加工操作技术支撑作用

在科技的带动下，模具数控加工领域技术水平得到提高，软件不断升级与更新，如UNIG、CIMI 及 CAM 等，在模具加工领域发挥越来越大的作用。具体地讲，软件的主要功能是在模具数控加工过程中进行编程操作。CIMI 软件可以与螺旋加工工具配合使用，避免相邻刀具之间的干扰，有效延长刀具使用周期，达到对软件与设备的保护作用。对于软件而言，其自身的优越性既能发挥其工具的功能，同时，也代表了信息模具数控加工方法的优化。

（五）积极组织模具数控加工人员的专业培训与教育，增强人员专业能力与综合素养

模具数控加工质量与加工人员的专业性与素质息息相关，因此，要切实提高模具加工人员的综合素养。首先，要勇于接受新事物，积极借鉴先进的数控加工技术与方法，增强创新观念与责任思想。其次，模具加工企业要重视开展专业培训，组织专家讲座，有效增强技术人员实际操作能力。

综上所述，为了适应新时期机械制造领域的发展，我们要强化数控加工模式的应用，切实提高加工水平，依托先进的科技软件，提高加工效率，强化模具质量的达标，推动模具数控加工行业的稳定发展，在根本上更好地发挥对机械制造领域的支持作用。

第六章　机械产品管理

第一节　机械加工生产现场质量管理

毋庸置疑，现场管理在现代机械加工企业生产管理中占据着至关重要的地位，这是一项系统性的管理工作，它能够将生产中的人、机、料、法等基本元素进行合理的组合协调。车间现场是企业基础的组成部分，是企业的核心，它的作用就是通过生产制造为企业带来直接的经济效益。只有机械加工现场管理达到一定的水平，产品的整体质量才能够得到保障，这也是确保生产安全的基础。

机械制造工业的发展为国家的经济建设提供了坚实的技术支撑，机械产品是现代化信息技术的应用载体。机械加工在机械制造领域不可或缺，故而，进行机械加工现有问题的研究是十分有必要的。

一、机械加工生产现场质量管理存在的问题

（一）现代质量管理理念仍未普及

遗憾的是，当今很多企业盲目地追求经济利益，而忽视了对质量价值的重视，这就会极大地削弱了人们的创新意识。故而，企业可以统一搭建企业质量管理标准化管理体系。对于标准和质量最好的描述就是，质量是不是满足标准一定要实事求是。企业必须要考虑使用者没有关注的问题，达到使用者想象不到的质量水平，追求本质意义上的创新。

（二）质量管理体系没有得到落实

一般而言，质量体系的执行是合理的，不过，在实际执行过程中，部分操作人员并不能真正地理解这个体系，不知道标准的实际含义，落实程度远远不够。特别是对于一些中小企业，它们根本就不能确保质量要求，这就必须要让全体员工再次系统地学习质量体系，并切实地执行下去。不过，实际情况显示，由于没有充足的内驱力，原本已经得到验证的合理的质量管理组织体系，在执行过程中依旧是困难重重。

（三）质量管理信息传递能力落后

机械工业在国民经济中地位显著。在某种意义上，机械工业的技术水平是一个国家综

合实力的象征，其中信息化程度的高低是衡量整个机械行业的标尺。不论是在设计环节还是在制造环节都在逐渐引进当前的高新技术，与此同时，随着信息网络技术的发展，世界范围内的设计与制造成了现实，世界市场变得更加具有兼容性，设计、制造和生产三大环节信息量剧增。在当前社会，信息与能源、材料同样关键，其涉及经济、社会、生活等各大领域，对信息资源的合理利用是整个行业信息化发展的关键。

二、机械加工生产现场质量管理优化策略

（一）树立正确的质量管理理念

生产现场管理体现了一个企业的管理素质。只根据现场管理的基本情况，就可以推断出企业员工的职业素养和管理水平，以及企业的合作信任度。以前，人们都致力于将企业在最短时间内做大，不过，在发展过程中有很多企业都成了该目标的牺牲品。更多的企业开始意识到，只有可持续发展才能够实现企业既定的战略。显而易见，在企业管理中，尤其是在质量管理这块，不可将"一组固有的特性满足要求的程度"作为研究对象。也就是说，公司内部的质量管理部门应该将所有管理工作都承包下来，质量信息也包括在内。

（二）强化质量管理体系建设

第一要做的，就是强化各部门之间对工作落实情况的考察，优化该部门整体管理水平，防止出现相同的问题，这是极其有必要的预防工作。故而，对于经济承包责任制而言，需要将工作落实情况纳入考核范围，管理人员与执行部门共同签署质量目标责任书，继而，能够有效推动体系的高效运转，实现产品质量和管理水平的同时提高。第二，从工作人员的质量意识入手，优化其职业素养。必须要及时开展技能培训，运用各种方式，普及质量意识及相关法律法规，提高人们内心的法律意识；公司需要即时强化员工的质量意识教育和质量管理知识教育，同时还要根据岗位的不同，确立不同的普及教育方案；至于那些极为重要的岗位，从业人员必须要持证上岗，全面提高工作人员的职业素养。第三，要主动带动管理结构调整，搭建一个满足市场经济规律的管理制度，为保障企业的机密信息打下基础；确定企业信息化整体规划，将各部门的责任细分下去；要确保做好信息技术建设和管理的并行操作，在进行信息资源的管理时，必须要确保其在财务管理、仓库管理、质量管理等方面信息的精准性。

（三）不断完善企业信息化建设

每次信息技术的进步，几乎都是由机械制造业实现的，信息技术在机械制造领域中发挥着其无与伦比的价值。鉴于当前机械制造业设计管理水平有限，故而工作的重点应该放在如何更好地实现信息化上。近些年来，我国的信息技术和电子商务迎来了难得的战略机遇期，信息化不仅为企业处理了生存问题，还是提高国际竞争力和应对市场变化的关键。当前，研发人员正在不断地提高信息化水平，致力于推动软件行业的发展。

综上所述，车间现场是企业的基础，是企业从事生产活动的基本单位，现场管理的水平高低，将直接左右决策执行的程度。一旦管理水平较差，将会迟滞企业各项生产指标的实现，进而延缓整个目标的实现。故而，必须要随时提高机械加工生产现场质量管理水平，缩短生产周期、提高工作效率及优化企业形象。

第二节 机械加工产品质量管理

一、机械加工质量控制工作内容分析

（一）生产加工工序的控制

通常情况下，产品最终质量与加工工序的顺利实施有着密不可分的联系，一些关键部件的质量控制会直接影响到整个产品的质量。因此，对于某些产品加工过程的关键位置和环节，质量控制管理人员除了要科学有效地控制生产条件外，还需认真把握好关键加工工序质量的具体变化趋势，实施动态管理，并针对问题及时采取优化改进措施。

（二）生产加工环境的控制

机械制造企业在开展机械加工生产活动前，必须加强对生产加工环境条件的控制。机械制造企业管理部门要协调好各个部门，提供符合国家技术生产标准的环境条件，严格督促相关生产加工人员按照企业规章制度规范操作，并根据生产条件优化与改善机械产品的加工工序，不断提高机械产品质量控制水平。

（三）计量测试条件与不良产品的控制

在机械加工质量控制作业中，计量测试条件会影响到产品质量数据的准确度，质量控制人员需要进行严格控制，明确内部检定制度，结合产品加工生产情况合理采用计量器具。此外，机械制造企业还需要加强对不良产品的质量控制工作。企业要专门成立质量管理部门，由专人负责不良产品的筛选检测工作，质量管理人员还需充分掌握整体质量管理信息，避免不良产品过多，影响机械加工环节的顺利进行。

二、机械加工品质管理问题的应对策略

（一）强化员工参与质量管理意识

机械加工产品质量的控制不仅依赖于机械设备加工人员的专业技能，还需要整个企业的员工都参与到机械加工生产当中，从提高科学的产品质量管理水平、强化员工工作态度、提高员工技能水平几方面入手。针对质量管理部门，要根据机械加工实际生产需求和企业现状，制定并完善岗位操作规程、产品质量管理制度，并建立严格的监督考核制度，监督

岗位操作规程和产品质量管理制度的执行情况。对于涉及机械加工生产部门，企业要积极开展教育讲座、技能培训、专业考核、产学研结合等活动，采用不同体系的培训方式对员工进行技能强化。制定严格的奖励、激励、惩罚制度，增加绩效考核工资占工资总额的比例。在绩效考核中，不仅将绩效考核工资与个人的加工产品数量挂钩，还要与产品质量、批次产品合格率挂钩。质量管理部门要秉承公平公正的原则，将加工产品数量、批次产品合格率和产品质量设定不同的加权系数，得到最终的绩效考核奖惩工资。

（二）重视产品生产过程策划

在完成一次机械加工项目生产周期初期，首先与合作方确认好产品技术指标及产品质量检测责任义务。确认好后，企业要组织生产部门、质量管理部门、采购部门等核心部门对产品的加工生产进行规划，对涉及原材料材质需求、原材料数量需求、机械加工周期、机械加工工艺参数、加工前的机械设备校准等做出详细的规划，并形成完整的产品生产技术方案。对于生产的产品，如果机械加工部门没有足够生产经验，在组织生产规划前，开展局部生产调研工作，以确保制定技术方案的准确性。

形成的生产技术方案不仅是指导机械加工生产的重要参考，它还需要对不断加工出的产品进行质量评估，根据产品质量变化情况不断调整机械加工工艺。所以，生产技术方案是动态变化的，即使在全面开展机械加工工作期间，也需要各个部门全力配合，不断优化技术方案：①根据项目需求对产品进行抽检，制定程序文件对产品质量进行存档、公示，既作为产品交接凭证，又是奖惩考核依据；②要对加工出的产品进行分类保管，做好入库出库统计工作，确保产品数量质量符合合作方需求；③质量管理部门要确保最终的生产技术方案落实到指导生产中，及时组织产品质量检测部门、设计工艺部门与生产部门协调，确保各个信息在各个部门之间的流通性；④要强化机械加工生产工艺，确保各个机械性能、工艺参数不会出现大幅度变动。

（三）加强产品生过程控制

为了保证机械长时间加工周期内产品质量的统一性，质量管理部门要根据管理制度和技术生产方案对产品加工过程进行管控。定期组织开展技术讨论会，整合机械加工生产情况、产品质量、机械设备性能等各种信息，分析总结信息，形成产品整改报告。此外，经过长期、高强度加工作业，员工的生理和心理都容易产生疲劳感，工作时容易出现注意力不集中的情况，既会导致对应批次的产品质量不合格，也容易引发安全事故。因此，管理部门要根据项目生产规划情况，合理制定工作强度和工作时间安排，确保员工的基本劳动权利。

（四）做好技术人员培训

同样的机械设备，不同的技术人员操作可能会有较大的加工质量差异。机械加工企业应系统地建立员工培训体系，制订好技术人员和设备维护人员的培训计划，必须重视对技术人员的培训。在预算上，划拨专项资金用于技术人员赴外参加专业技术学习培训。对于机床维修技术人员，要加强质量管理，制定好机床日常检查、维护、维修制度，加强过程监管。

（五）改善环境条件

在机械制造过程中，一定要加强对原材料的选用和采购审核，杜绝不合格产品进入生产流程，尤其要注意对原材料、毛坯、再加工等辅助材料的控制。另外，还要做好车间环境的控制。加工制造一件产品必须对各个环节做好严格的质量控制，哪一个环节都不能掉以轻心，尤其是对影响产品质量的相关因素，一定要及时采取措施。

综上所述，机械加工企业必须提高加工的质量才能够应对市场上激烈的竞争，机械加工的设备、工作人员及产品验收等都会影响产品的加工质量，要从根源上减少产品残次品，提高企业的核心竞争力，加强人才的培养，定期对工作人员进行考核，并计入年终考核中，激励员工提高自身的技能。

第三节　轻工机械产品可靠性管理

随着装备制造业的快速化发展，机械工业产品可靠性成为人们迫在眉睫需要主抓的部分，而目前的形势下，相应的管理部门，在未来的一段时间内，则需要重点地在建立合理、完善的可靠性管理体系方面下深功，以通过强有力的可靠性机械工业产品为基础，为人们提供更加便利化的服务与生活。

一、轻工机械产品存在的问题

当下，轻工机械产品的部分，对于我国经济发展起到了有力的促进作用。而在机电一体化技术的影响下，轻工机械产品的整机系统则进一步表现出复杂性，零部件大幅度增多。同时，机械产品故障问题点，也逐步地呈现出新颖化与复杂性的特点，无形中也大大地增加了维修的难度，使得产品一旦出现故障，则可能面临无法维修，出现瘫痪的情形，进而对制造的环节造成影响。为此，提高轻工机械产品整机系统可靠性的工作部分，则成为当下发展的重心部分，且将是解决故障问题点发生的最有力的措施之一，这不仅是当下，更加是未来一段时间内，人们需要长期性予以追求的目标。而经过相应的分析与整理，对于影响轻工机械产品可靠性部分的问题点进行汇总后，则发现主要分布在以下方面：

（一）设计开发过程缺乏足够的可靠性

针对现下的大多数轻工机械产品来说，由于在设计开发的阶段，设计人员只关注产品的性能是否达标，是否能够满足人们的使用需求。因此，产品的可靠性，则处于暂时性被搁置的局面，未得到充分的关注。此种情况将对产品的长久性使用，埋下了很深的隐患，最终使得轻工机械产品经过长期的使用后，一系列的问题逐渐地爆发出来。

（二）产品的甄别筛选工作不到位

不重视产品可靠性测试，将使产品本身所具有的隐患点方面大增。用户在长期性使用的过程中，由于产品可靠性不足，情况严重时，使用者的财产与人身安全的方面，都将会受到威胁，而同时，企业的发展方面也将会受到极大的影响，甚至由于此些问题产品的影响，将一步步地陷入倒闭的泥潭中去。

（三）缺乏产品使用过程中的可靠性数据

轻工机械产品使用的过程中，有的制造企业没有做产品可靠性数据的收集工作，而当制造企业对于这些数据部分不予关注时，则可能逐步化地向闭门造车式的方向发展，产品的升级、更新换代等方面，则更加无从谈起。一旦企业的产品与市场的需求严重脱节，不但产品的发展将受阻，而且产品在市场上的占有率也将会慢慢地降低，直至慢慢地进入淘汰出局的行列中去。

二、轻工机械产品的可靠性管理标准分析

开展对于轻工机械产品可靠性方面研究的工作，产生的影响将是巨大的。而实施可靠性管控的工作中，加强可靠性标准制定的工作，则是首要的部分，且此部分工作开展的过程中，必须通过大量特性研究工作的实施，以及大量数据累积工作的部分，才能够使标准的部分进一步得到发展与完善。而目前的情形下，伴随人们安全意识的提升，则对于许多轻工机械产品，也开始逐步地注重可靠性标准管理工作的开展。而此过程中还是存在一定的不足之处，且主要表现在以下方面：

（一）缺乏完善化的标准体系

可靠性工作是对于产品一整套全寿命周期测试的工作，主要由分配、设计、试验及失效分析的部分组成，每一部分都将发挥巨大的贡献力量，且一旦有任一环节出现缺失，都将使得产品的可靠性方面存在一定的隐患。

（二）缺乏可靠性数据积累

可靠性工作不仅体现在产品设计的部分，更加重要的环节则是产品的实际应用过程中对于可靠性数据的积累部分。而在目前的形势下，轻工机械产品生产成本上涨的局势下，相应的制造企业则更加难以运用大量的可靠性试验去做产品的可靠性验证工作，而在实际的应用过程中，又缺乏对于产品可靠性数据的收集与积累工作的开展，因此，可靠性标准完善化的工作部分，则因此呈现出被搁置化的局面。

（三）设备智能化面临的难题

通过原有的普通机械产品的可靠性设计，历经数年的发展与研究后，人们已经制定出比较完善的电工电子行业的可靠性标准，因此，可以直接参照并使用。而新的时期下，伴随智能设备的兴起，可靠性标准制定，则又再次面临新的挑战，人们必须再次开展研究工

作，完善可靠性标准。

三、轻工机械产品可靠性管理与标准化的发展方向

轻工机械产品，一旦出现故障或失效的情况时，则可以通过零部件更换或维修工作的开展，进一步提高产品的可靠性。为此，对于产品维修与可靠性标准方面的工作，则也同时必须建立起来，才能够减少与避免维修的过程对于产品可靠性方面带来的影响。此外，由于机械工业设备行业相对稳定的特征所在，则对于产品寿命的要求方面也更加严苛化，此种情况下，优势则在于产品的质量方面的确有了深化性的保障的力量，而同时，产生的不利因素点方面则是产品的升级、更新较慢，也使得该行业与其他行业之间的差距一步步地加大，且进一步制约了轻工机械产品可靠性标准的发展速度。为此，轻工机械产品可靠性管理与标准化，则更加需要从以下方面，开展主抓的工作部分：

（一）针对行业特征建立起可靠性标准化体系

建立可靠性标准化体系的过程中，则可以参照国军标、美军标等方面的标准，进而再次结合现下产品的结构及其他方面的特性入手，制定出一套既保证标准的通用性，又适用于实际行业需求的标准出来，为人们的应用过程提供便利的同时，也能够使其他行业同时得到规范与发展。

（二）优化可靠性系统工程标准

通过人们不断地研究发现，越早开展可靠性的工作，后期产品改进与维修的活动也相应会减少，产品成本的方面，也才能够得以被管控。而可靠性工程系统的部分，则通常与可靠性工作的每个环节都会存在相互关联的关系，为此，人们则需要通过开展相关标准化的规范制定工作，在促进轻工机械产品实现正常稳定性发展的同时，进一步推动产品可靠性水平的进步。

（三）注重产品系统与整机的可靠性研究

人们需要从产品的系统性和整机的可靠性方面，开展轻工机械产品的可靠性管理工作。

（四）注重新型智能化产品的可靠性

科技发展的影响下，越来越多的新型智能产品被人们研发而出，针对这些产品，如还沿用传统的可靠性分析的方法去管理，则会存在严重的不足之处。因此，必须借鉴仿真分析的结果，并通过可靠性部件数据的获取，进一步去制定相应化的可靠性方面的标准规范，才能够使得产品的可靠性管理工作得以顺利地向前发展。

如标准的方面不统一，或存在不完善的情况，则使得设计的部分容易走入误区，产生的各项成本及影响方面，也同时是巨大的。因此，相关部门则需要进一步在产品可靠性标准的制定及完善方面，予以进行主抓，且在落实的过程中，需要积极地做好培训与宣传的工作，进而促使产品可靠性方面的工作能够取得质的飞跃。

第四节　机械产品的质量控制与管理

机械产品的质量问题直接关系到产品的销售量，同时也与生产企业的形象树立具有直接关联。在实际生产的过程中，产品质量会受到多种因素的影响，在生产的各个环节都存在可能影响产品质量问题的因素，要想全面提升机械产品的质量，就必须从机械产品生产的各个环节入手，做好质量控制和管理工作。本节就从分析产品质量控制的重要环节入手，对机械产品的质量管理方法展开研究，旨在全面提升机械产品的质量，促进机械制造行业的健康发展。

一、机械产品生产中产品质量控制的重要环节

相关质量管理标准中指出有关产品的质量主要包括产品的需求质量、设计质量、制造质量和服务质量，产品质量的高低可以根据这些指标进行评断。进行机械生产时，也应综合考虑上述标准，进行机械产品设计与生产，从根本上提升产品生产的质量。下面就对产品质量的四个方面进行质量控制分析：

（一）产品需求质量

深入市场，对客户的实际需求进行全面了解，在产品开发之前，找准产品销售的方向和服务对象。正确定位产品可以确保产品在生产之后的销售量，同时也可提升客户满意度，为生产企业树立良好的形象。上述工作的开展可以更好地服务于产品设计和生产，为产品的生产确立准确的目标，这有益于推动机械制造行业的进一步发展。

（二）设计质量

在深入了解市场需求和客户需求的基础上，确认产品生产的目标，可以为设计工作的开展指明方向。产品功能设定、图纸设计和规范文件都关系到产品设计的质量。产品生产是对产品设计方案的实现，在此过程中就突出了产品设计工作的重要性。一旦某个设计环节出错，或者功能性无法满足用户需求，就会对产品的服务质量造成严重影响，致使产品销量降低，为制造企业带来较大的经济损失。就大规模的生产来说，产品设计质量关系到生产企业的整体发展，在设计质量无法保障的情况下，轻则影响销量，重则破坏企业形象，造成企业破产的严重后果。

（三）制造质量

制造质量指的是，产品能否真实还原设计方案的内容，即将设计方案转变成实际产品的过程。影响制造质量的因素有很多、制造工艺选择、材料选择、加工设备配置状况和各类加工机械的精密程度均会对产品质量形成直接影响。此外，工人的技术能力和责任意识

也是影响产品质量的重要因素。基于此，在进行产品制造之前，应合理设计生产方案，对于具体生产中所涉及的工艺、设备和人员配置等因素进行综合考虑，做好制造生产的前期安排，并且在生产过程中，严格落实方案内容，这可全面提升产品的制造质量。

（四）服务质量

服务质量指的是，在产品投入使用之后，出现故障问题时为用户所提供的故障维修和养护等服务。这是在市场竞争环境下所衍生的重要内容，企业之间在竞争的过程中，不仅考验产品的质量，还对服务质量提出了较高的要求。服务质量主要包括服务能力、信誉和配件服务。其中的服务能力是指，服务人员的业务能力，能够快速判断故障问题，并且指导用户正确使用产品，降低故障问题的发生率；信誉指的是在承诺的时间内，及时响应用户的服务需求，帮助用户解决产品使用的问题；配件服务是指，在产品生产的过程中，大量生产易于损坏的零件，当客户具有零件更换服务时，能够准确提供配件。

二、机械产品的质量控制和管理

质量控制的主要目的就是通过监督和管理的方式，确保产品生产过程的规范性，保障产品的质量能够完成既定目标。质量控制工作应贯穿机械产品生产的全过程，从最初的产品目标确认，到设计，再到产品的投产，均需要质量控制工作的直接参与。下面就针对产品质量控制和管理工作在各个环节的应用——进行探讨：

（一）项目决策的质量控制和管理

项目决策阶段是保障后续发展的重要阶段，在决策内容符合市场需求和用户需求的情况下，所产出的产品才能保障销量，为企业创造更多的经济效益。这就要求，在进行项目决策前期，应对市场发展形势和用户的实际需求进行全方位的了解，在此基础上，要考虑到与同行业之间的竞争关系，做出正确的决策内容，确立产品生产的目标和服务群体，为后续的设计与产品做出正确的引导。

（二）设计阶段的质量控制和管理

在决策方案确立后，设计人员应根据产品的服务功能及质量需求，将其形成可行性较强的设计方案，对产品的质量目标进行明确，并且根据产品质量需求对机械产品制造中所采取的工艺方法和设备资源进行合理确定，制订出明确的设计方案，为后期的大量投产奠定基础。

（三）生产过程的质量控制和管理

（1）工艺准备的质量控制。工艺准备是根据产品设计要求和生产规模，把材料、设备、工装、能源等资源系统地、合理地组织起来，明确规定生产制造方法的程序，分析影响质量的因素，采取有效措施，确保生产按规定的工艺方法和工艺过程正常进行，提高工作效率，降低制造成本。

（2）制造过程的质量控制。制造过程的质量控制是指从材料进厂到形成最终产品整个过程对产品质量的控制，是产品质量形成的核心和关键的控制阶段，其质量职能是根据产品设计和工艺文件的规定及制造质量控制计划的要求，对各种影响制造质量的因素实施控制，以确保生产出符合设计意图和规范质量并满足用户或消费者要求的产品。

（四）产品销售和使用的质量控制与管理

机械制造行业在发展的过程中，除了要注重产品的自身质量，还需要对产品的销售质量和使用质量给予足够的关注。就销售质量来说，对机械产品的产值具有直接影响，相关人员应根据自身的产品功能特性，执行详细的销售计划，在销售的过程中，应对凸显产品的应用优势，让用户对产品的质量和功能产生认同。使用质量的控制应集中到产品售后服务方面，在产品承诺的时间内，对于用户提出的故障问题和使用问题，应积极处理，并且定期做顾客回访，了解产品使用体验，对于用户遇到的使用难题应及时解答，全面提升顾客的服务体验，这可在一定程度上提升企业的竞争实力。

第五节　港口机械产品制造的质量管理

为了保障港口机械产品的使用性能，需要在机械产品的制造过程中，做好质量管理及控制措施，只有这样才能够确保港口所有机械产品的运行安全性与可靠性，并保障港口各项工作的顺利进行，从而促进我国的进出口贸易工作水平得到更进一步的提升。

一、机械产品制造的质量管理

（一）港口机械产品的制造质量管理问题

制造类产品所需要面对的用户群比较广泛，有些用户对这些产品已经能够进行熟练的操作，但是有些用户对该类型的产品还比较陌生，因此在机械产品的制作过程中也就容易出现以下几点问题：①生产用的原材料不符合标准，导致成品质量不够合格，无法满足正常施工的具体需求；②在设计过程中未能够将机械产品的各种使用要素充分考虑，并导致其出现产品结构不合理的问题，从而直接影响到产品质量；③在对产品质量进行改进的过程中，因为计算失误，并没有兼顾到产品质量，并导致其出现了一定的产品质量问题。因此在进行制造产品的质量管理过程中，也就需要充分重视质量管理的细节，并借此来提升该机械产品的应用质量。在港口机械产品的制造过程中，要求相关的设计人员能够充分重视新产品的设计和质量，还要求设计部门能够就新产品与相应的施工部门进行沟通交流，从而保障港口机械产品的制造质量。

（二）制造生产过程中的质量管理措施

在制造类产品的生产过程中，只有做好产品质量的管理控制工作，才能够很好地保障产品质量，并使得该港口能够顺利开展相应的工作。其具体的质量管理措施如下：①加强与产品相关的各部门及各单位之间的沟通力度，并对和产品质量有关的信息进行有效的提取，然后在此基础上进行详细有效的质量管理规划，从而使得质量管理规划能够得到有效落实。如果各部门及各单位在沟通过程中存在有意见不一致的情况时，还需要尽可能减少分歧的发生，然后将偏差控制在一个各个部门都能够接受的范围内。②在对港口机械产品进行制造的过程中，还需要进行各方的沟通，并对计划活动进行有效的控制。在进行港口机械产品的制造过程中，首先需要制定产品计划。因此在进行产品制造之前首先需要进行生产计划的合理制订，该生产计划中还需要包含该机械产品的所有详细信息。

（三）制造产品的质量改进工作

为了让港口机械产品制造在市场中的竞争力得到提升，需要相关的生产企业对自身的生产工艺进行不断的优化改善，来让机械产品制造的质量得到提升。这样才能够保障该机械产品投入生产中能够顺利运行。但是因为生产规模的影响，导致制造产品的质量改进项目具备有一定的针对性，一般情况下也都是针对某一产品的某一质量问题来进行项目的开展。而机械产品制造过程中的质量改进工作，主要是为了对设计与制造过程中所存在的一些共性问题进行有效的解决。因此在进行机械产品的制造过程中，基本上不会出现针对产品的零部件及产品本身进行设计的情况，这也就要求相关的制造企业能够进行各种统计工具的充分利用，并及时找出问题的原因加以分析，从而获得问题解决方案。

二、港口机械制造项目的质量管理方法

（一）将机械制造项目的质量管理体系落实成文件

在对港口机械产品制造项目进行质量管理与控制工作之前。首先需要进行质量管理计划的合理确定，并要求在该管理计划中涉及所有的活动。在此基础上对管理活动所需的资源进行详细的罗列，来保障该质量管理计划的顺利进行。此外还需要将质量计划纳入项目质量管理计划书中，并需要充分满足特定项目的实际需求。在质量管理计划书中需要同时包含开展项目所需的经费、技术及设备、人力等各项资源。为了取得良好的机械产品制造质量管理效果，还需要将检验计划作为质量计划的一个重要构成部分，并在保障机械设备的应用性能之后才允许其出厂。在进行质量计划的编制过程中，要求各个部门都能够共同参与其中，并且就项目的实际情况，来对现有的质量管理细节进行不断的细化与优化。可以说在港口的机械产品制造过程中，项目质量管理体系的管理效果要明显优于该制造公司自身的质量管理体系，这也是对公司质量管理体系进行优化的一种有效措施。

（二）对质量管理人员和检验人员之间的隶属关系进行明确

在不同的港口机械生产企业中，还需要对质量管理人员与检验人员之间的隶属关系进行明确，这样才能够将各工作人员的职能进行充分的发挥，并保障该制造项目的顺利进行。在不同的机械产品制造企业中，相关部门也都有着专门对质量进行负责的人员，并对机械产品的制造质量进行有效的管理与控制。但是质量管理部门作为一项独立的部门，其与质量检验部门存在有一定的差异性，对于港口机械产品的制造质量也有着直接的管理职能。不管是质量管理部门的负责人员，还是负责质量检验的相关部门，只要不再隶属于质量管理部门，就不会为质量管理部门进行服务，并会直接影响到整个港口机械产品的制造管理效果。造成这一结果的原因在于机械产品制造企业的质量管理规划不够完善，而且相关制造部门在质量管理方面的水平与意识还存在有严重不足的问题。因此说只有充分明确质量管理人员与检验人员两者的隶属关系，并使得一系列的利益管理得到有效的处理，才能够进一步加强港口机械产品制造的质量管理水平，并保障该机械产品的制造水平及使用质量。

（三）进行奖惩机制的合理制定

在对港口的机械产品进行制造与生产的过程中，生产工人是具体的执行者，其工作水平及职业素质的高低往往也会直接影响到机械产品的制造质量，这也就需要通过适当的措施来提升工人们的生产积极性，并需要对工人们的具体施工流程进行严格的监督管理，从而保障所有生产工人能够严格按照相应的施工要求来进行工作。借助于科学合理奖惩机制的制定，能够使得生产工人们的生产积极性得到一定的提升，对于工人们的日常操作也能够起到良好的指导作用，从而达到鼓励工人们在生产过程中的积极行为及惩罚生产过程中消极行为的效果。此外在进行奖惩机制的构建过程之中，不仅需要考虑到港口机械制造项目的整个生产流程，还需要对其辅助过程进行严格的控制，只有这样才能够将奖惩机制落实到整个生产过程中。此外在奖惩制度中还需要进行静态奖惩与动态奖惩的有机结合，并通过协作统一的模式，来让奖惩指导的效能得到最大限度的发挥，来引导工人们严格按照相应的生产流程进行生产。

港口的机械产品运行质量往往直接影响到整个港口的生产效能，因此在进行港口机械产品的制造过程时，也就需要充分重视机械产品制造的质量管理与控制工作。并需要借助将制造项目管理体系落实成文件、对质量管理人员和检验人员的隶属关系进行明确及奖惩机制的合理制定等模式，来对整个机械产品的制造过程进行有效的优化，并避免因为企业内部关系的复杂化所导致的机械制造项目质量管理效果不理想等问题的发生。

第七章 机械制造设备研究

第一节 机械设备制造及其自动化发展

随着我国工业化程度的不断提高，机械设备制造与自动化取得了前所未有的发展，但是随着我国经济的转型，我国的制造业发展面临着巨大的挑战，而作为对于制造业发展有着决定性意义的机械制造及其自动化发展成为万众瞩目的焦点。

一、机械自动化技术概述

机械自动化，是指在机械制造业企业中充分运用自动化技术，实现加工对象进行连续化的自动生产，改进和优化自动化的生产过程，机械自动化技术的应用和发展，不仅是机械制造业进行技术改造与实现技术进步的重要手段，而且是技术发展的一个主要方向。关于机械自动化的定义，国际机器与机构理论联合会于 20 世纪 90 年代给出了比较标准的定义：机械自动化是指在制造过程里和产品设计中于系统思想、电子控制及精密机械工程三方面的协同结合。机械自动化技术所存在的基本特征：机械自动化的制造设计是把系统的观点作为出发点，综合运用群体技术，如软件编程技术、信息变换技术、微电子技术、信息技术、接口技术、传感检测技术、机械技术、计算机技术等，依据优化组织结构目标与系统功能目标实现特定的价值功能，同时保证整个系统的最优化，体现出低能耗、高质量、可靠性、多功能的优势。

二、我国机械设备及其自动化的发展前景

近年来，我国的机械设备及自动化产业虽然不断采用先进制造技术，但与发达工业国家相比仍然存在较大的差距。机械设备及自动化的发展是一个由浅入深、由简单到复杂的过程，在这个过程中，人工操作逐渐被自动化机器控制取代，生产方式也逐渐由传统的人工方式转变为素质化和自动化，这不仅是人类社会的巨大进步，更是科技发展的重要成果。机械自动化技术从 20 世纪 20 年代开始发展应用以来，在各行各业都得到了迅速发展和广泛应用。在竞争愈来愈激烈的国内和国际市场，我国机械设备及其自动化的发展要结合实际，注重实用，结合具体生产实际，逐步实现我国机械设备及其自动化的全球化。总之自

动化控制技术的应用保证了设备制造流程的规范化，使生产效益得到优化，成为未来机械设备制造业的主要发展手段。

三、机械设备自动化发展趋势

随着国民经济的不断发展，我国机械设计制造专业较从前有了全新的发展，其与计算机技术、电子科技等技术不断融合，实现了产业自动化进程的持续发展，并为国家的工业化发展起到了显著的促进作用。

（一）虚拟化

以前，世界各国机械制造企业在产品设计之中，主要是依靠事先图纸进行设计，然后依据图纸开展成品试验，这样才能最终完成产品的设计。这样做的弊端在于将会浪费许多宝贵的时间，同时进行产品试验的过程会出现人力、物力、财力等各种消耗，尤其是耗费了大量的经济支出。鉴于当代科学技术手段的日新月异，电子计算机技术和网络通信技术已不断地成熟了，利用先进的电子计算机设备，人们能够模拟操作大量的工作，借助于网络能够在第一时间就对数据进行即时传输从而让分割于不同空间的双方能够毫无障碍地进行沟通交流合作。因此，机械自动化技术将朝着虚拟化方向不断发展已是普遍的共识。

（二）智能化

机械设备制造及其自动化目前已具有智能化的特征。智能化是机械自动化的标志之一，随着信息技术的不断更新发展还将继续深化。实现机械自动化的高度智能化将能够进一步提高生产的质量和效率，减少生产过程中的失误，进一步保障生产的安全性。未来机械自动化的智能化发展可以将现代心理学等知识包含其中，充分模拟人的思维和行为习惯，使生产更加拟人化和智能化。

（三）安全化

随着未来机械设备的创新和研制，自动化控制技术的应用加大了，带动机械设备制造领域向更好的方向发展。而机械生产必须要注意安全问题，包括产品的质量安全和人工的操作安全。在我国，因机械故障而产生安全问题的事例非常多，主要的原因在于机械生产过程中容易出现较多的意外情况，而工厂及工人未能及时采取有效的防治措施，不仅不利于提高产品加工的工作效率和产品合格率，同时还可以提高生产过程中由于人为操作失误等原因而出现安全事故的概率。通过机械设备制造及其自动化系统的设定，机械产品在生产过程中能够实现自我监控和自我探测，能够及时发现生产和操作过程中所出现的意外问题并采取适当的措施。

（四）绿色化

在大规模的工业生产活动中，最令人头疼的便是浪费大量的能源。而机械自动化可以使得这一问题得到有效解决，减少能源的浪费，同时可以使人们赖以生存的环境得到保护。

未来的发展如果不是以环保和高效为前提的发展，那么必然不会走向成功。但是机械自动化满足了这两个标准，不仅可以提高能源的利用率，而且对生态环境的破坏小，是最佳选择。

（五）微型化

20世纪80年代以来，机械设备开始向微型化的方向发展，机械设备微型化能够提高运营灵活度，减少能耗，降低机械企业生产成本。除此之外，机械设备微型化还能增强产品综合竞争能力。从现状来看，微型机械在诸多领域具有较高的应用价值，比如说军事领域、信息领域、生物医疗领域。由此可知，机械设备具有十分广阔的应用前景。需注意的是，机械设备的微型化程度越高，加工难度也越大，如何更好地实现机械设备微型化还需众多学者进一步研究。

社会经济不断高速发展，信息技术水平不断提高，社会行业都在发生着巨大的变革，同时对于机械设备自动化的要求也日渐提高。在其众多特征中，自动化是最为明显的，而机械设备的自动化对于人类的生产发展是具有跨时代意义的，相信在科学技术进步的同时，机械设计制造及其自动化还会朝着更多的方向发展，机械自动化产品的社会应用价值也会越来越高。

第二节　智能化机械设备的制造

在经济发展的前提下，生产水平的提高及对机械设备的应用，使机械设备的智能化设计越来越受到社会和使用企业的重视。传统的机械设备虽在生产中占有较大比重，但随着生产水平越来越高的要求，传统的机械设备已经无法满足日益增长的生产需求。此时，智能化机械设备应运而生，并逐渐应用和占领了生产设备市场。智能化设备的设计和应用，不仅能够提高社会生产力，还具有提高生产水平、减少投入成本、减少人员投入等众多优势。因此，对于"机械设备的智能化设计"的研究，具有极大的现实意义。

一、机械设备智能化设计的意义

首先，设计智能化的机械设备，能够减少人员的投入，提高生产力。传统机械设备在使用中，一般需要投入的人员较多。生产线中，各个流程的人员都需要对机械设备进行操作，才能够保证产品的流水化生产。对于日益提高的生产原材料成本，机械设备使用中的人力增加，必然带来经济效益的减少。针对此种现状，设计智能化的机械设备就具有很高的市场价值。通过信息技术、通信技术、网络技术，设计智能化的机械设备，从而使用较少的操作人员，对智能化机械设备进行操作，就能够达到完成生产的目的。这样就可以缩减人员使用，缩小投入的人力成本，提高生产力。

其次，将机械设备进行智能化设计，可以使机械设备的功能增多。采用智能化的机械设备，不但能够符合单一生产的需要，还能够将其运用于其他产品的生产中，从而进一步缩减人员投入。这样的机械设备才是当今生产中急需的设备，也是满足智能化需求的。

再次，设计智能化的机械设备，能够改善产品的精度。由于很多产品在传统生产时需要很多的人力进行操作，而人为操作必定会使产品与要求之间产生偏差。这些偏差无法用人工来弥补，因此将智能化机械设备投入使用中，使机械取代人工操作，并利用智能化水平来控制产品的精细生产，才能够使生产的产品更加满足质量要求。简单的生产中尚且如此，对于精密的仪器生产，更需要智能化的设备操作。同时，这样的智能化操作也会减少生产流程，大大缩短生产工期。

最后，智能化机械设备的设计与应用，是我国经济发展的必然趋势。我国机械设备的智能化设计与使用，起步相对较晚，而面对目前经济全球化的时代背景，生产从单一化向多元化方向发展，我国很多机械设备在使用中已经无法满足日新月异的经济发展需求。因此，只有设计智能化的机械设备，才能使生产逐渐向多元化方向转变，才能使生产得以创新，提高我国的生产水平，并逐步适应和追赶上国际经济的发展脚步。

二、机械设备在智能化设计中的要求

所谓智能化机械设备，即是在机械设备中加入电子信息技术、通信技术和网络技术，使之在满足传统机械设备的设计要求上，更加满足智能化操作与使用需求。

（一）改变传统机械设备结构

在进行机械设备的智能化设计时，要考虑传统机械设备的设计基础和特点，有针对性地对机械设备进行结构改造。因此，要对不满足智能化设计需求的传统设备材料进行更换并用新材料的替代，并将电子信息数据处理技术理念和网络通信及远程操控技术理念运用到机械设备中，使之与传统机械设备相融合。

（二）将感应技术运用其中

将感应设备添加在机械设备中，对生产中所涉及的场地、环境、气候等因素做出明确判断，才能更好地完成生产工作。正常情况下，在进行智能化机械设备操作时，利用设备中的信息采集功能，将生产中的数据信息及时、准确地传递给操作人员，操作人员根据内容进行生产前的分析工作，并操作智能化机械设备进行独立且自动化的生产操作，来完成生产要求。对于不满足施工要求的情况，则要进行综合分析。例如，某网络工程公司在进行小区弱电系统施工中，采用了具有感应技术的智能化机械设备。由于在施工前对小区楼体构造和环境进行了数据分析，发现了该小区墙体薄、地下电力输送设备有浸水情况，并且分析出墙体材质会阻碍无线信号的传输。于是，根据施工成本、设备投入等综合方面考虑，该网络工程公司无法得到合同中相应的效益回报，因此取消了该工程的弱电施工合同，使网络公司避免了损失。这就是将感应技术运用于智能化机械设备设计中的优势。

（三）采用机械故障检测并修复技术

对生产中出现的机械故障问题，智能化机械设备会做出有效的故障检测，并针对故障内容进行系统内故障排除和解决方案应对，从而进行机械设备的自我修复，并将问题通过信息采集系统传递给操作者。操作者再根据实际情况，对智能化机械设备做远程操控，解决因系统故障而无法得到有效修复的情况。

三、智能化机械设备未来的发展形式分析

将信息技术、通信技术和网络技术运用在机械设备的智能化设计中，使智能化机械设备成为可能，也使智能化设备在使用中创造出了很高的经济效益。在当今社会生产与发展中，智能化机械设备已经被较为广泛地应用于各行各业。根据未来发展的趋势，智能化机械设备还将进行诸多完善工作。

首先，在设计方面，将影像传输技术和语音传输技术应用于智能化机械设备中，使未来的机械设备拥有可视化的视频操作和语音识别功能，成为集众多本领于一身的智能化机器人。通过操作人员的语音，就可以完成机械设备的生产工作。其次，在操作方面，未来的智能化机械设备操作更简便，这样会使操作人员对机械设备进行较快的适应和操作。最后，在设计中的材料应用方面，未来的智能化机械设备将采用更轻巧、便捷、环保的材料，如将纳米技术运用其中，不仅可以使机械设备的性能更好，还使设备制造免去了环境污染的困扰，一举多得。

综上所述，在当前的新形势下，机械设备的智能化设计是社会发展过程中的必然产物。在机械设备的设计中，只有将信息技术、通信技术、网络技术等融合到机械设备的设计中，才能生产出具有智能化的机械设备。虽然我国在智能化机械设备的设计和投入使用中还存在部分亟待解决的问题，但我们必须攻克机械设备设计中的难关，将机械设备的智能化得以更好地完善，才能促进机械设备的智能化发展，才能为我国的经济建设做出更为积极的贡献。

第三节　机械设备安装的施工技巧

为了避免造成不必要的麻烦和损失，机械设备必须严格按照安装说明进行安装。基于我国机械设备建设现状，本节简要分析了我国机械设备安装管理情况，根据分析，发现在机械设备安装过程中有很多注意事项，适当处理这些注意事项，可以有效指导机械设备安装过程施工，也有助于加强机械设备的安装、管理和完善。

一、机械设备安装内容分析

机械设备安装是将设备从生产厂运输到施工现场，并使用一些工具和仪器通过一系列必要的施工过程，将设备正确安装到预定位置，并进行使用调试运行的整体过程。以往经验表明，机械设备只有成功安装了，才有可能顺利地投入生产，这两个过程息息相关。设备使用寿命的延长，设备性能的充分发挥，设备运行质量的提高都需要通过科学合理地安装机械设备来实现。尽管各种机械设备的结构和性能及相关的安装工艺可能不同，但总的来看，机械设备的安装过程都要经过起重运输、设备开箱检验、零部件的装配与调整、设备固定安装、调试和工程验收等过程，也就是说安装过程大致是一致的。不同点在于，就像采用分体安装方法适用于大型设备，采用整体安装方法适用于小型设备一样，在设备安装的整个过程中，不同的机械设备在安装过程中对应着不同的具体要求。所以，在机械设备安装过程中，施工人员不仅要掌握机械设备安装的一般过程，还要熟悉某一机械设备的特殊要求，做到具体问题具体分析，只有这样，才能保证机械设备正确安装。

机械设备及零件的装配、设备吊装和运输、设备零件的安装、焊接和切割、各种仪表及自动控制装置的安装及设备零件的安装、焊接和切割是机械设备安装施工的具体内容和主要工作。施工准备工作的一个重要环节是机械设备安装准备工作。机械设备安装的整个过程与前期的准备工作充分程度息息相关。要想加快工程进度，保证施工顺利进行，提高工程质量，就必须做好施工前的准备工作。在机械设备安装过程中，不仅施工前的准备工作很重要，技术资料的准备工作也是必要的。技术资料主要包括施工验收规范、施工图纸、操作规程和质量检验评定标准及工艺卡等。施工人员要努力做到施工前能够熟悉技术资料，领会设计意图。此外要根据技术资料尽量详细了解安装和结构要求，确定安装程序。机械设备的正确安装需要合适的安装工具，如起重测量工具、运输工具和专用工具等。要想充分发挥安装工具的使用效能，必须根据技术数据和安装要求，合理做出选择。机械设备安装过程中要仔细检查设备是否符合标准要求。此外，安装中还要充分准备好需要使用的主要材料。准备主要材料时不仅要保证机械设备质量，还要本着节约的原则，节约至上，节省材料，努力实现定额。机械设备的需求会随着机械设备使用的进一步增加。同时，由于施工难度大，技术含量高，机械设备的安装将会越来越引起社会各行各业的广泛关注。

二、机械设备安装在施工管理过程中的注意事项

机械设备能否顺利使用，取决于机械设备能否顺利安装、零部件能否顺利装配及施工队伍是否具有较高的整体水平，其中机械设备的顺利安装尤为重要。为了避免造成难以弥补的损失，机械设备安装必须加强施工管理。因此，机械设备安装在施工过程中所需的方法技术管理显得特别重要。

（一）加强管理调度，提高施工队伍的能力

施工质量能否提高和机械设备能否正确安装从某些方面说直接取决于安装过程中施工队伍是否具有较高的素质及有没有进行合理的管理和调度，如果这些处理不好，施工质量就不会好，机械设备安装也不会成功。为了保证机械设备安装施工的成功，必须提高对施工队伍本身的要求及对施工队伍技术水平的要求。此外，千里之行始于足下，施工队伍要熟悉设备安装工程，有一定的经验和精良的安装设备也是必需的。安装人员要能熟悉掌握施工图纸，严格按照图纸进行施工操作，将理论知识和实践相结合。除了以上要求，安装人员还应该有及时发现、解决安装过程中所存在的问题的能力，操作时严格遵循施工安装设备运行操作规程，有较高的文化素养。基于此，为了成功完成机械设备的安装，要加强对安装施工队伍的监督、建设和管理，建立和完善施工队伍管理制度，使所有的机械设备安装施工队伍都拥有一流的技术水平，在整个项目过程中践行操作规程。因此，必须加强对机械设备安装施工的管理和完善。加强机械设备安装过程的施工管理需要同建设单位、监理单位和施工单位的共同合作，合理选择管理供应商，管理好施工队伍，保证顺利地进行施工管理和机械设备的安装。

（二）做好机械设备安装基础准备工作

在机械设备安装过程中，只有基本管理做得好，机械设备的安全才能得到有效保障。机械设备安装的基础管理是基本管理的重要组成部分。因此，要组织技术人员全面熟悉机械设备安装方面的基本条件，如沉降观测点是否合适，基础是否符合施工要求等，从而加强机械设备安装的管理。与此同时，技术人员应非常透彻地了解机械设备装配图，尽快熟悉机械设计的整体流程。在设备安装准备过程中，要根据工程设备的使用情况，工程设备所处的工作环境，设计要求，极限荷载和工作荷载等，对相应的运动部件适当进行润滑，提高设备运转率。此外，还要根据设备技术要求，了解主要部件。就大型部件而言，其制造工艺周期要严格按照制造要求，保证高精度安装，同时为了进一步消除内应力要经过时效处理，合理匹配各个安装部分，并且根据干扰量选择合适的安装过程。其次，及时的检查、检验在机械设备安装过程中是必要的，这时不仅要将零件图的大小与设备的大小进行匹配，还要使安装尺寸的大小与设备的大小进行匹配，尽量满足零件的公差要求，保证机械设备安装的顺利进行。在设备安装过程中，熟悉图纸是必要的，然后认清设计要求，确保强度并且随时考虑安装尺寸，只有这样才能达到技术要求的标准。在一些情况下为了尽量避免由于相对位置引起的误差，一些基础的针对测试强度的预压试验是必须要进行的，此时在几何测量方面要进行反复测量，比如，由于某些特殊因素在机械设备安装过程中施工单位不能及时提供施工报告及质量证书时。

（三）在机械设备安装各个过程中加强管理

在机械设备安装施工过程中必须加强管理，其中最重要的部分是设备的安装管理，当然施工管理也有一定的比重。要保证机械设备的顺利安装，就要做一些必要的基础工作，

如设备的安装流程。在整个施工过程中，安装流程质量的影响随处可见。只有安装流程质量提高了，施工才能顺利进行。因此，对负责安装流程的工作人员有一些特殊的要求，如要有超乎常人的工作能力、极其负责的工作态度等，能够对施工图纸有较好的了解，在机械设备安装过程中准确地测量基准线，这一点是极为重要的，没有这样的能力，可能会导致机械设备安装过程的失败。不仅前期基础工作要做好，施工过程中也要加强管理。比如，在垫铁的安装过程中，飞边面、氧化层对垫铁安装有害，要尽量避免它们的存在，垫铁位置及表面质量也有很大的影响，要分别保证分布合理、平整。垫铁面积要和设备相适合，这是成功安装配对，实现基本的接触良好的关键。同时应按照操作规范，仔细检查，使垫铁、基础满足安装标准，保证机械设备间隙没有松动等，此外还要加强对螺丝顺序和地脚螺栓位置的管理。氧化层的情况需要仔细检查，这是在放置之前必须要做的工作。另外，为了确保工作顺利进行，要对设备安装工作人员加强管理，如要求施工过程中工作人员严守操作规则、进行施工管理、安装时控制误差等。

简言之，要准确无误地安装机械设备，严格遵循合理的步骤是必需的。安装之前适当的准备工作是安装成功的必要条件：①要仔细检查设备和图纸，遇到问题，及时解决，防患于未然；②安装重要设备时，要仔细阅读安装说明书，保证安装时采取合理的施工技术。正式投入生产使用前，调试结果要合格，只有这样才能延长设备使用寿命、充分发挥设备性能、提高运行质量。机械设备安装过程要认真，尽量不要犯错误。以往的经验表明，即使很小的错误，都可能导致设备生产中的大错误。所以，工作人员工作态度要认真负责，努力安装成功机械设备并使其顺利成功运行，科学准确有序地进行机械设备的安装与调试。

第四节　机械设备零部件再制造工艺

机械设备零部件是关系到各行各业设备运行的重要保证，特别是煤矿机械设备工作环境恶劣，重负荷运行，特别容易损坏，给企业造成极大的成本压力，如果采用修复再制造，可实现降低成本、减少排放、节约能源的绿色环保生产。如煤矿用量大的液压支架油缸，矿用机械零部件采用再制造，并逐步向其他机械设备零部件的再制造延伸，将会带来很大的经济效益和社会效益。根据机械设备零部件的结构、材质、精度要求、机械特性采用不同的再制造工艺技术，保证再制造零部件的质量特性达到或超过新零部件的要求。

一、再制造技术工艺技术研究内容

针对我区煤矿综采机械设备、零部件的服役期到来，应用比较成熟的修复技术，在煤炭、化工行业内开展机械装备的再制造工作。研究耐磨金属修补胶成功修复煤矿综采液压支架立柱油缸密封套的再制造，采煤机械设备零部件的修复再制造。研究冷焊、堆焊完成煤矿综采机械设备零部件的冷焊、保焊再制造。研究电刷镀技术完成煤矿综采液压支架油缸外缸、中缸、活柱液压零部件和机械设备其他零部件的再制造。研究试验再制造的煤矿综采机械零部件提高使用寿命 1 ~ 2 倍，50% 的实现再回收、再利用、再制造，达到了循环利用。煤矿综采设备机械零部件的再制造，如油缸缸体再制造修复，刮板机溜槽的再制造修复。采用尖端技术，对磨损较大（内孔直径磨损 1 ~ 3mm）的液压油缸体内孔，进行增材再制造，恢复缸体内孔尺寸，提高缸体使用寿命 1 ~ 2 倍，实现废旧缸体再利用，达到循环使用，为企业节约开支，提高企业效益。研究再制造修复材料配件所用的原材料主要是丝材、金属合金粉末等，无任何特殊材料，目前市场完全可满足需求。

二、液压支架油缸镀层刷镀再制造工艺

对液压支架油缸表面局部缺陷造成油缸失效采用电镀修复技术修复再制造，是省时省事、成本低、效果好的一种再制造技术。是利用电解方法使电解液中的金属离子在零件表面上还原成金属原子并沉积在零件表面上形成具有一定结合力和厚度镀层的一种方法。采用专用的直流电源设备，电源的正极接镀笔，负极接工件，镀笔通常采用高纯石墨块做阳极材料，外包棉花或涤棉套，基本变化过程金属离子在液相中传质，到达阴极表面边界层，金属离子穿过阴极表面边界层完成表面转化与阴极的电子交换，金属原子被还原成吸附态金属原子后续表面转化，金属原子结晶。液压支架油缸缸筒、中缸、活柱表面局部损坏堆焊、电刷镀修复再制造工艺流程:清洗检验—工艺设计—机械打磨—堆焊—打磨—电刷镀—修磨至精度要求—检验入库。

清洗：对缺陷油缸筒（活柱、中缸）表面进行彻底清洗，检查失效形式，修复工艺设计：根据损坏程度、检验结果设计修复工艺，修复、编制工艺规程、工艺卡片、工艺技术参数。当缺陷深度大于 0.5mm 时首先采用冷焊打底，修磨后进行电刷镀修复，对于深度小于 0.5mm 时直接采用电刷镀修复。

金属冷焊工艺流程：对缺陷进行表面打磨处理—彻底去除缺陷疲劳层—清理干净缺陷表面—冷堆焊高度大于 1mm 为止（堆焊层无气孔、夹渣等缺陷）—修磨堆焊表面（曲线与工件表面一致粗糙度 Ra0.8）—检验合格转电刷镀。表面电刷镀工艺流程：表面打磨预处理—丙酮清洗表面—非镀面遮蔽—电净—水洗—2 号活化—水洗—3 号活化—水洗—镀底镍—水洗—尺寸恢复镀厚—水洗—工作镀层—水洗—打磨至要求—检验。

表面打磨：表面打磨指采用机械打磨去除表面上的毛刺、疲劳层，修整表面，圆柱面弧度与工件一致，表面粗糙度 Ra < 2.5μm，露出金属基体表面，以保证电刷镀层与基体的结合强度。

表面预处理：清洗、脱脂、防锈、角向磨光处理，汽油清洗，丙酮清洗。电净处理：除去经过机械打磨后残留在工件表面的铁屑和油污，除去表面微观上的油污，刷镀过程进行 2 次以上电净处理，确保工件表面洁净无油污。工艺参数，电流 19 ~ 23A，电压 11V，

时间 20 ~ 30s。

表面净化：2 号活化是去除工件表面的氧化膜和锈蚀产物，露出新鲜的纯金属表面，经过活化后金属表面为均匀的灰色或灰褐色。工艺参数，电流 22 ~ 25A，电压 11V，时间 8 ~ 10s。3 号活化是去除 2 号活化后的残存在表面上的灰褐色，使等镀表面露出银白色或银灰色的纯金属表面。工艺参数，电流 22 ~ 25A，电压 11V，时间 8 ~ 10s。

镀底层镍：镀底层镍指为提高后续镀层与基体的结合强度，工作表面经仔细电净处理、活化处理后，首先用特殊镍镀液预镀 0.01 ~ 0.02mm 底层，底层镍镀至表面呈均匀的亮白色为止。工艺参数，电流 20 ~ 25A，电压 11V，时间大约 15 ~ 30s。

尺寸恢复镀层：主要是恢复尺寸增加厚度，可以选用快速镍（也可用高速铜）镀液，镀层根据需要确定。工艺参数，电流 20 ~ 28A，电压 11V，时间 5 ~ 10 分（根据厚度决定），一般厚度不超过 0.5mm。

工作镀层：是为提高表面硬度、耐磨、耐腐、镀层表面颜色与原件表层一致、满足工件表面要求的工作镀层。工艺参数，电流 23 ~ 25A，电压 6V，时间 1 ~ 2 分钟。

镀后处理：用自来水彻底清洗冲刷电刷镀表面和邻近部位，用压缩空气吹干，表面上防锈油。

经使用电刷镀工艺再制造了液压支架立柱中缸外表、活柱外表，经过下井使用取得了良好的效果，研究证明电刷镀技术应用煤矿液压支架油缸的修复具有投资少、设备轻便、操作工艺方便快捷、工艺灵活、镀层质量好、沉积速度快、镀层结合强度高、适用范围广、对环境污染小、省水省电等优点，可在机械维修广泛推广使用，修复成本是新品的 10%，具有良好的经济效益和社会效益。

三、电刷镀再制造大中型油缸

经反复工艺研究试验，完成了油缸缸口修复再制造，对油缸缸口的损坏，采用堆焊不锈钢复合层，完成了液压支架立柱油缸缸口复合双金属修复再制造工艺，共再制造油缸 364 支。安装使用证明具有耐腐蚀，延长了使用寿命，取得了良好的效果。对液压支架立柱油缸局部电镀层或表面损坏的修复再制造，采用冷补焊、电刷镀工艺大型液压油缸表面腐蚀失效的修复再制造。实践证明该技术是修复成本低、快捷方便、无污染的绿色环保技术。大型油缸密封套的修复再制造，采用高强金属修补胶修复再制各种液压油缸密封套 410 件。经过实际使用，具有修复成本低、密封可靠、无污染等优点。

应用现代先进制造技术开展煤矿机械设备再制造是一项利国利民的优势产业，再制造是绿色制造，既有利于环境，又有很高的经济效益，发展潜力巨大，是科学社会发展进步的基石产业。再制造业是解决全球资源紧缺和浪费、环境污染及对各种废旧资源循环利用的最佳方法和有效途径之一。采用先进的表面处理技术，如电刷镀、冷堆焊、等离子表面再制造技术，对即将报废的或已报废的液压支架立柱油缸缸筒、中缸、活柱进行修复是一种可行的再制造工艺，具有生产工艺可靠、操作简便、原料供应充足、能源消耗低，是绿色、环保、节能的生产模式。不断地研究、应用先进制造技术、先进制造工艺，促进再制造技术升级，是煤矿机械设备废旧零部件再回收、再利用、再制造恢复零部件原有的技术特性或超过原来技术特性的有效途径。开展煤矿机械设备零部件再制造，是日后煤矿机械设备整机再制造的基础工作，也是其他机械设备再制造的基础，零部件的再制造具有良好的社会效益、环境效益。再制造技术有着广阔的市场和发展前景。

第五节　非标准机械设备制造质量的控制

制造行业标准的规章制度随着中国经济的发展也在发展，变得更加完善，在一定程度上发挥着极其重要的作用，在保证产品的质量上有着不可撼动的地位，不仅如此，在一定程度上还在侧面推动着中国机械制造业的快速发展。虽然如此，但是在实际的生产中，由于很多外在因素的影响，标准的设备并不符合生产的条件，所以非标准机械就这样诞生了。非标准设备和标准设备进行比较之后，要比标准设备更加具有灵活性。而非标准设备在特定的环境中得到了大量的使用。非标准设备主要是应客户的需求生产出来的，是在原有的设备上加工和制造出来的，所以在国家的规定中，非标准设备并没有一个合理的制造准则，所以在这样的基础之上，由于应用非标准设备的客户很多，在安全和质量上也没有保障，所以非标准设备的质量问题是目前最值得关注的问题。

一、非标准机械设备制造质量的影响因素

在一定程度上，通过对标准设备的技术参数或者规格尺寸、设备外形、生产能力等的整改来符合客户的要求标准，这样生产出来的设备就是非标准设备，不同于标准设备，在国家的规定中没有对其进行相关的规定。而在生产的时候，因为生产人员的素质、在生产过程中的操作步骤、生产的基础设备、生产人员的技术、生产人员的设计水平等因素，可能都会对设备的完成造成不同的影响。为了保证在国家没有对非标准设备进行规范的同时，达到质量过关，最重要的就是生产的过程中的操作步骤，只有步骤过关，才能在一定程度上保证设备的质量符合国家的标准。

二、设备制造质量的控制措施

（一）非标准机械设备的设计

由于设备的参数不同，可能会影响非标准机械设备设计成之后的质量。所以在整个设计、组装和加工的过程中，要精化制造的材质、部件的强度、精细度和粗糙度。非标准机械设备的设计包括产品的设计、生产工艺的设计、组装方案的设计等，三者是相互联系相

互制约的。所以在一定程度上，非标准设备的设计除了要根据客户的要求来制造之外，还应该根据生产厂家的实际具有的条件进行有效地生产，要确保在以后的生产中，生产出来的产品具有合理性、先进性，最重要的就是实用性。生产厂家要在生产之前对产品进行多方案的设计，然后通过对多个方案的优点进行整合，在此基础上，找出一个最合适的设计方案进行生产。甚至在有必要的时候对设计出来的方法进行一次有效的模拟实验，通过模拟实验寻找一个比较合理并且达到最佳效果的设计方案。最主要的一点就是，使用单位应该对设计出来的方案和图纸进行一定程度上的检查，这样能避免出现意见不同的问题，还能在一定程度上符合使用单位的标准。

（二）机械设备的零部件尽量采用标准成品件

在国家的规定中，标准的零件选用的材料的质量及各种参数都要符合国家对其的规定标准，应该做到的就是在所有的设备中都可以使用，所以零部件要具有通用性。在生产设备的基础上，使用标准的零部件，可以有效地解决出现材质硬度不足或者尺寸有误差的问题。在设备的质量上可以有效地避免出现误差的情况发生。在非标准设备的生产过程中，应该选择零部件符合国家规定标准的，这样可以在生产过程中降低生产的成本，还能在一定的基础上提升产品的质量。在非标准设备生产时使用标准的零部件对提升其质量有很重要的意义，主要体现在以下方面：首先，可以提高非标准设备操作的可靠性。符合国家标准的零部件已经在各种各样的设备和生产过程中大量使用的，具有一定的实用性，而且有特别高的性价比。在此基础上，把符合标准的零部件应用到非标准设备的生产中去，可以有效地避免在非标准设备的生产过程中使用其他部件所出现的问题。其次，可以降低非标准机械设备的制造成本。在非标准机械设备的制造中，非标准的零部件要比标准的零部件贵很多，所以在生产过程中，生产厂家没有办法很好地控制成本，尤其是非标准零部件在设计成本、劳动生产和管理费上的成本是很高的，最后，可以提高非标准设备制造的效率。在生产的过程中，利用标准的零部件可以省去设计非标准零部件的麻烦，更加不会影响生产设备的进度，有效地提高工作的效率。

（三）设备加工制造和组装过程中质量的控制

1.设备设计过程的质量监督

在整个的设备进行生产的过程中，使用单位应该与技术人员保持联系并且应该时刻关注设备的生产进展，在生产之前对设计进行必要的监督，这样完全可以在一定程度上避免设备的质量出现问题。在设备生产结束之后，使用单位更加要对其进行检查，检查关键的部位是否符合标准，在此基础上对于之前做过的设备在零部件的更换上要保持一致，以方便备品配件的准备。

2.设备制造过程的质量监督

在制造设备最开始的时候，应该把监管力度放在对关键零件的监督之上，特别是大型铸造件、锻造件、焊接件等，对此进行大力度的监督和检查，保证在以后的生产过程中不会出现问题，在一定程度上也保证了设备在生产完成之后的质量。除此之外，还要对外购基础件进行监督和检测，最主要的就是对外购件进行检测，保证外购基础件能够符合设备的需求及使用的标准。最后一定要重点关注关键零件在加工质量上的检验，确保零部件的高效使用。

3. 设备整体组装的质量控制

在零部件的生产之后，要对其进行组装，才能成为完整的设备进行生产。因此在组装的过程中，最重要的就是它的精度，如果精度不合格就会影响整个设备。如果精度出现问题，最有可能造成设备没有办法正常地工作。由于新生产的零件或者外购的零件都存在着外部的杂质，所以要注意零件的清洁工作，不要让焊渣或者油渍、粉末、铁屑对整个设备的组装造成不良的影响。而在整个设备完成组装之后，最主要的就是对设备的质量进行检验，保证设备的质量符合要求和标准。

三、案例分析

（一）设计阶段的质量控制

在进行生产的同时，使用单位应该与技术人员保持联系并且应该时刻关注设备的生产进展，在生产之前对设计进行必要的监督，这样完全可以在一定程度上避免设备的质量出现问题。在设备生产结束之后，使用设备的机构要对设备进行一定程度上的检查，检查关键的部位是否符合标准，在此基础上对之前做过的设备在零部件的更换上，要保持一致，以方便备品配件的准备。

（二）设备制造厂外购基础件的质量控制

除了生产一定数量的零件之外，还要从别处购买零件，如果签订的合同中有具体要求哪个厂家的零件，就要按照合同进行购买，有的则没有什么要求，所以要根据实际的情况和合同中的标准对零件进行检测和检验。在购买零件的同时还要对购买的零件进行一定程度上的检查，确保零件符合国家的标准。使用单位还会根据自己的需求对基础件有所要求，这就需要记下一系列的相关参数，方便购买。

（三）设备关键零件的加工质量控制

在公司的屏面加工设备中，主轴传动系统作为重要的组成部分，它的重要零件包括主轴、轴套、轴壳，所以在此基础上，就要对轴承配合部位进行一个有效的检验，确保加工精度符合规定。这部分的检测主要还是应该由公司专业的监造人员来进行的。特别关键之处还要求和轴承配合加工。在公司的行列式滚筒设备中，则对上下导轨和齿轮齿条的加工精度和淬火后的硬度进行确认，对设备机架的焊接情况进行确认。

（四）设备主要部件组装的精度控制

设备的组装精度一般都是由部件的组装精度进行控制的。部件组装时要求零件清洗干净，配备必要的组装工具，为了确保部件的组装精度，甚至需要组装的外部环境也要清洁，有必要时重要部件组装还要在恒温的环境下进行。对于部件来说，组装完成之后，要进行检测。在公司以前的设备制作中，屏面加工设备的主轴传动部件、行列式加工设备的工作台、屏封接面加工设备的主轴和研磨臂等都作为重要部件，对其组装精度进行检测、控制，包括旋转部位的径向跳动、端面跳动的数据、工作台上的滚轮间距等。

通过对非标准机械设备质量在控制上的各种分析，大致明确了控制设备质量的因素，在此基础上，对非标准设备在生产过程中加以重视和注意，可以从根本上避免质量出现问题。在国家的经济发展中，非标准设备的需求也越来越多，所以只有重视其质量，才能促进中国的经济发展和机械加工生产行业的发展。

第六节　铁路施工企业实施机械设备集中租赁

近年来，机械设备集中租赁在我国得到了极为迅速的发展。随着科学技术更新换代的进一步加快和铁路施工企业的现代化发展，这种设备管理方法必将拥有更为广阔的发展空间。

一、铁路施工企业实施机械设备集中租赁的现状

（一）机械设备集中租赁概述

铁路施工企业实施机械设备集中租赁区别于之前零散的租赁方式。集中租赁方式是铁路施工企业与社会上拥有相关机械设备的租赁商和制造商签订租赁合同，定期支付双方约定的租金的租赁行为。与零散的租赁方式相比，集中租赁能够提高机械设备的使用效率，减少与施工设备维护、管理的费用，获得更高质量的设备。

对于很多铁路施工企业来说，施工设备价格昂贵、专用性强、科技含量相对较高。即使是目前很多实力雄厚的铁路施工企业，也会因为担心流动资金被大量占用、生产成本上升等问题而选择租赁设备。事实上，同购买设备相比，租赁设备不但在价格上具有很大优势，而且能够有效提高资源的整体使用效率，有利于大型机械设备的优化和集中利用。此外，对于很多铁路施工企业来说，对于某种机械设备的需要可能只在项目建设的某一个或者某几个环节中存在。如果仅仅为了这几个环节就购买专业设备，显得非常不合算，且一旦设备更新换代，花重金购买的机械设备就无法跟上项目建设的节奏。此时，不但资金被大量占用，还会造成设备的闲置和浪费。因此，在这种快节奏、科技日新月异的时代环境下，为了提高广大铁路施工企业的施工效率，需要使用的技术性设备完全可以采用租赁的形式。这样不仅只占用小部分资金，还避免了产品更新换代时的相关损失。集中租赁的机械设备往往会有专业的采购人员进行把控，因此其质量能够得到很好的保证。

（二）铁路施工企业实施机械设备集中租赁的现状

目前，不少国有大型铁路施工企业已经开始实施机械设备的集中租赁，并取得了一定的成就。对铁路施工企业来说，施工机械设备的主要来源有自有设备、租赁设备、分包队伍自带设备等。基于成本收益分析，铁路施工企业自有设备的管理与外部租赁设备相比成本较高，因为租赁设备的管理、维修、保养费用都是由出租人承担的。另外，集中租赁方式可以为铁路施工企业资金的融通、周转提供便利。集中租赁是铁路施工企业同规模较大的租赁商或者制造商合作，签订租赁合同，这样可以进一步规范企业的设备租赁行为，提高租赁方服务施工现场的质量，保护出租人和租赁人的合法权益。此外，规模较大的租赁商或者制造商对风险的抗击能力较强，垫资能力较大。

在铁路施工企业设备需求较大的情况下，购置一些像混凝土搅拌机、双钢轮压路机等利用率高的专用机械设备显得尤为重要。但是，对于那些购置费用过高或者不易存储的大型机械设备，则可以采取在社会上进行租赁的方法来解决。很多时候，使用租赁设备而不是自行购买设备，具有一定的必要性。这主要表现在，机械设备租赁既满足了铁路施工企业工程项目建设的需要，又最大限度地保证了自己的经济效益，在一定程度上提高了铁路施工企业的管理水平，也提升了其整体效益。从另一个角度来说，机械设备集中租赁对于铁路施工企业来说具有更为特殊的意义，这类企业往往项目所跨区域较广，机械设备运输极为不便，但依靠集中租赁方式便可以解决这一难题。

虽然铁路施工企业机械租赁方式改革取得了很大成效，但就市场化改革的力度及其经营和建设效果来看，铁路施工企业机械集中租赁仍然存在许多不尽如人意的问题，特别是利益问题的交织，使得集中租赁方式并没有真正发挥出其全部优势。首先，目前铁路施工企业在实施设备集中租赁方式上面临着种种困难，这种困难既有企业内部的也有来自企业外部的。企业内部的阻力类似于政府采购情况，设备的租赁往往存在企业领导者、职工集资购买或者介绍熟人进场的现象，存在权钱交易的不法行为，严重阻碍着铁路施工企业设备租赁方式的变革。其次，铁路施工企业同规模较大的租赁商或者制造商合作，签订租赁合同，在签约合同上如果缺乏监管，很容易产生逆向选择和道德风险等问题。这类问题往往是信息不对称造成的，其结果既可能损害铁路施工企业的利益，也可能对出租人不利。

二、铁路施工企业实施机械设备集中租赁存在的问题

（一）相关制度并不完善

在我国，机械设备租赁及其产业发展的历史并不悠久，相关管理技术和手段也比较落后，因此设备的租赁管理实际上受到了很多方面的限制。加上一些企业领导并没有设备租赁的意识，不重视对与租赁有关的业务章程和业务制度的制定，没有形成机械设备租赁的长效机制，铁路施工企业也是如此。没有制度的约束，相关铁路施工企业在进行设备租赁的过程中，往往只考虑自身利益而忽视企业的长远利益，租赁市场也由此形成了一种恶性

机制。租赁市场的运行无法得到有效保障，企业效益和市场效益都有所损失。

（二）缺乏科学合理的租赁管理制度

正如前文所提到的，由于租赁业的发展历史较短，缺乏必要的市场监管，同时我国的机械设备租赁市场实际上并没有得到科学有效的管理，导致相关铁路施工企业在办理租赁业务时无章可循，企业内部也没有形成相对完善可靠的租赁管理制度。在这种情况下，除了租赁合同，铁路施工企业在机械设备的管理上仍十分欠缺。从这里不难看出，当前我国铁路施工企业在租赁设备管理中仍然存在许多问题，这些问题如果得不到解决，机械设备租赁市场将难以形成长期有效的管理机制。

（三）思想观念有待于进一步转变

在铁路施工企业机械设备租赁过程中，国有施工企业和机械设备租赁商均存在思想观念落后的现象。就国有施工企业而言，其本身就存在需要彻底转变思想观念的问题，而且在设备租赁过程中存在主动性不强的问题。尽管不少施工企业着力改革，但改革的力度和持续性却值得商榷。就租赁商而言，同样需要转变观念，尽可能适应施工企业对设备租赁的个性化需求。

三、完善铁路施工企业机械设备集中租赁的建议

（一）完善租赁市场监管，制定业务章程

针对当前机械设备租赁市场监管不严、缺乏必要的租赁管理章程的问题，应该逐步转变当前观念，尽快建立起一套行之有效的市场监管机制，并制定一套严密科学的业务章程，确保我国今后的机械设备租赁市场能够高效运行。为了达到这一目的，相关部门应该紧跟时代步伐，逐步转变发展观念，改变原先对机械设备租赁和租赁业的固有看法，着手研究能够引导机械设备租赁市场健康发展的有效措施，并加快推广相关措施。另外，要增设专门的管理部门和管理人员对租赁市场进行监督管理，确保租赁市场能够早日步入正轨。

（二）健全租赁管理制度

为了完善铁路施工企业机械设备集中租赁的相关程序，必须在坚持以人为本的前提下，逐步完善机械设备集中租赁的市场监督控制机制，健全铁路施工企业内部的租赁管理制度，通过制定细化的机械设备、机械技术人员及其他相关人员的管理细则，强化各部门、各相关人员的管理责任，强化监督、检查和考核的力度，确保机械设备管理制度能够有效运行。

（三）加强机械设备维修与管理，提高技术人员业务能力

对于广大铁路施工企业来说，为了更好地进行机械设备集中租赁，必须要重视机械设备的维修与管理工作，确保机械设备能够在实际工程项目的建设过程中发挥作用，也确保集中租赁能够实现其优化资源配置、提高工作效率的目标。因此，要加强对相关技术人员

的培训和管理，逐步提升他们的业务能力，确保在机械设备集中租赁和使用过程中的维护、修理和其他工作都能顺利完成。

科学的发展和技术的革新，使得我们的生活日新月异。在这样的情况下，铁路施工企业为了紧跟时代步伐，取得更大发展，必须保证其机械设备更新换代的速度能够紧跟时代步伐。而机械设备租赁制度无疑为广大铁路施工企业的发展要求提供了可能，且机械设备租赁的优势是显而易见的。当前我国机械设备租赁市场上存在的问题非常明显，对于广大铁路施工企业来说，如何利用机械设备集中租赁的优势，规避风险，获得更大的经济效益和社会效益是其急需解决的关键问题。

第八章 机械设备维修与实践研究

第一节 机械设备维修中的技能要求与经验

机械设备维修广义地讲就是为了保持设备性能而进行的所有活动。如为了保持设备使用性能的稳定性而进行的日常维修；为了测定设备目前的使用状态偏离原有的技术状态、劣化程度所做的检查及为了纠正和复原这种偏离的状态、消除劣化现象而进行的修理工作。狭义的维修就是指为了保持设备正常的工作状态而进行的检查、润滑、维护、调整等日常活动；就是检查机器设备损坏的原因，修复、更换磨损或损坏的零件，排除各种故障，恢复设备的精度和使用性能，提高设备的工作效率，延长设备的使用寿命；就是根据设备的使用情况，对机器进行日常的维护、保养和故障的排除，定期检查设备的各个部位的运转及运转部件的磨损情况，有问题要及时排除，定期要给传动箱更换润滑油，每天要查看操作者对设备的保养是否按要求完成并填写保养记录等。

一、机械设备维修工作中的注意事项及经验

正规企业合法生产的合格产品，都具有维修特性（一次性使用产品除外）。目前，机械设备越趋向高精度化、复杂化、电脑数字化控制，就越难以保持不发生故障。为了保证设备能够保持原有的状态正常运行而不发生故障，不影响生产和产品质量，保证操作者的人身和财产安全，最简单易行的办法就是进行定期定点的检查、润滑、维护、保养等日常活动，发现故障及时由专业人员进行修理。为了降低设备的故障率，减少故障停机时间，关键在于提高设备的维修性和维修效率。设备使用过程中通过技术检测，及时地发现设备发生故障的部位和可能性，提前制订维修计划采购更换配件。设备发生故障后，在规定的维修条件下及时完成修理作业，恢复设备原有的技术状态。

（一）落实安全生产责任制

设备维修企业或维修车间应建立健全安全生产责任制，根据企业具有执行职责的管理者必须负责安全生产的原则，对企业各级管理者、专业技术人员和生产岗位上的技术工人在生产中应负的安全责任制定安全生产制度和作业指导书，对各级人员应负的安全责任必须明确规定，经过培训并定期检查落实情况，预防和消除安全隐患，杜绝安全事故的发生。

必要的时候可以将安全生产体现在企业的质量方针和管理目标中。安全生产也是企业文化中不可缺少的部分。

（二）制订设备维修计划

计划维修制是我国机械工业基本的维修制度，20 世纪 50 年代从苏联引进。我国技术人员经过 60 多年的消化、吸收、创新、积累，形成了一整套完整的、符合我国国情的、符合国家标准和国际惯例的基本维修制度。通过有计划地修理、维护和检查，以保证设备经常处于完好状态。它包括日常维护、定期检查、计划保养、计划修理等。最基本的特征是通过维修的计划性实现设备修理的预防性，保障设备的维修期和维修质量。

（三）制定设备维修工艺过程

设备大修通常要制定维修工艺过程。根据维修计划和检查、诊断结果指导维修工艺过程，包括修理前准备图纸、查阅设备说明书、选择场地、准备维修工具、检查仪器等；修理中设备的拆卸、零件的清洗、零件的检查、制订修理方案、更换损坏的零件、安装、调整；修理后的实验、验收、交接等。为了改善维修方法，提高管理水平，加强维修效果而进行的一些技术活动，包括制定维修标准、分析故障原因、测定维修效果的方法等都可以写进设备维修工艺过程中。

（四）设备维修材料、配件的质量保证

设备拆卸清洗后经过检验不合格的零件，必须更换。采购新的材料、零件除规格型号必须相同外，还要查阅是不是原厂配件，原则上必须使用原厂材料、配件。虽然现代机器大工业生产，大量的配件都是采购来的，但也必须使用原机器配件企业生产的配件以保证维修质量。采购有质量保证、有信誉的企业生产的相同配件，配件价格在网上都是公开的，货比三家选择质优价廉的配件。因为维修企业不像制造企业，可以到生产厂家去考察。采购回来的材料、配件必须检验合格、入库后方可领用。

（五）设备拆卸前对设备要熟悉，要读懂使用说明书和维修手册

机器发生故障，特别是疑难故障，拆卸前一定要熟悉机器的结构，最好对照图纸、使用说明书、维修手册，看懂再动手拆卸。往往维修人员发现故障的原因后很高兴，直接就把机器拆卸了。没有记录，没有标识，清洗后发现机器装不起来了，不能恢复原样，不是多零件，就是少零件，或者是某个零件装不上了。常用正确的办法是用铅丝把零件依次穿起来，清洗过程中也不用拆开；或者是拆卸时按顺序摆放，清洗时依次清洗不要放错位置；或者是在每个零件上拴一个金属标签，清洗时不要弄掉，装配时按标签顺序装配。如一台 C6140 车床的主轴箱拆开清洗，因未把齿轮用铅丝依次穿起来且齿轮大小参差不齐，而且丝杠进给量大小档次又多，装配时，经多次试装才成功，既费时又费力。

（六）机器的维护、保养、润滑

机器的日常维护，一般情况下每月不少于一次。维护内容包括：外表应清洁，无粉尘

沾积，装置不受水汽、油污污染；密封面、点应牢固、严密，无泄漏现象；润滑部位应按规定加油，阀轩螺母应加润滑脂；电气部分应完好，无缺相故障，自动开关和热继电器不应脱扣，指示灯显示正确。机器的润滑选择具有润滑性能的润滑剂添加到机器的摩擦面上。润滑剂分固体润滑剂、液体润滑剂、气体润滑剂，必须选择符合机器摩擦副减摩需要的润滑剂，通常选择机器使用说明书上规定的润滑剂为最佳。润滑剂必须定期更换，以保持润滑剂的清洁并处于最佳润滑状态。否则润滑剂过期或被灰尘污染都会增加润滑剂的黏度，影响润滑效果，增加机器的磨损。如实训中心的一台 C6140 普通车床由于长时间使用，工作人员没有及时对主轴箱更换润滑油，在使用七八个月的时间后，开机不到半小时，机床主轴箱发热，卡盘也发热，温度超过 40 摄氏度，烫手。分析原因为摩擦片太紧，离合器刹车带太紧。打开主轴箱发现润滑油黏手、烫手。于是清洗了主轴箱，更换了润滑油，将离合器刹车带螺栓松了两圈。合上主轴箱盖，开动机器，两小时后也没有发热，故障解除。分析原因有二：第一，润滑油过期变质，黏度增大，润滑条件变差；第二，夏天气温高，金属材料膨胀，离合器刹车带间歇变小。

大型设备和高精度设备一定要按规定及时更换润滑油，每次使用前一定要空运转一定时间，具体每台设备使用说明书中有规定，让设备得到充分的润滑再开始工作。长时间不用的设备尤其是数控设备，每过一个星期打开电源，让设备空运转一小时以上，让设备上所有可运动的部位都得到运动，防止设备因长期不用受潮或变形。设备虽然长期不用，但是也要按时保养，按时更换润滑油。

（七）设备故障诊断技术应用

①声振诊断。在设备的机械转动中，若发生异常振动，通过对振动和振动源进行检测分析，就能判断设备目前的状态。如轴承锁紧螺母松动，使主轴窜动，应紧固螺母。齿轮啮合间隙不均匀或齿面严重磨损，应调整间隙或更换齿轮。再如，发电机的转轴出现振动，可能是转子系统在临界转速下产生的共振现象。②油样分析诊断。通过设备中油样的分析，可以判断设备的磨损程度，磨损的机理及磨损的部位，然后针对故障进行维修。③温度诊断。通过各种温度检测仪测量设备热状态对温测参数进行分析，判断设备目前的运行状态。

二、几种加工中所必备的技巧

（一）细长轴的加工注意事项

①细长轴刚性差；②细长轴的热扩散性差，切断时容易产生热膨胀；③细长轴比较长，加工时容易产生几何形状误差；④细长轴采用常规车削时，容易削成"竹节"形。

（二）细长轴加工的五点技巧

①将一圈 3 毫米的钢丝缠在细长工件的左端，将三瓜下盘夹紧在钢丝上，以减少卡爪与工件的接触面积，同时工件在卡爪内还可以自由调节其位置，避免加工时由于切削热的

作用使工件产生弯曲变形，形成弯曲力矩；且在切削过程中由于切削力的作用发生的弯曲变形，也不会因下盘夹死而产生内应力；②尾座顶尖改成弹性顶尖，当工件因切削热发生线膨胀伸展时，顶尖能自动后退，可避免热膨胀引起的弯曲变形；③采用三个支撑块跟刀架，以提高工件刚性和轴线的稳定性，避免产生"竹节"形；④改变走刀方向，使床鞍由主轴箱向尾座移动；⑤改进刀具的几何角度，增大车刀偏角，使径向切削分减小，采用大前角或负刃倾角等以减少切削热，充分使用切削液以减少工件所吸收的热量。

（三）钻孔所注意的几点

首先，对工具使用的选择：根据材质所选自己该用的钻头，对于铸铁 HT200、普通钢材 Q235、45 号钢等低碳钢所选高速钢钻头；对于不锈钢、铸钢等选用硬度较高的刃具，如硬质合金钻头或含钴类钻头。其次，对工具的刃磨选择：根据孔的大小、板的厚度，对于较薄并且加工数量偏少采用的钻头切削刃角度为 180° 较好。对于加工数量较多并且为提高交工效率，采用叠层压紧加工，多层压紧的数量应根据钻头的韧带长度锁定，一般多采用多层的厚度 δ ≦ 2/3L（钻头的刃长度），对于直径较大的孔，应注意使用的钻头较大，如果把切削夹角磨为 180° 可能造成较大的浪费。如果加工数量较少，可采用先用小于孔径的平钻头加工出工艺孔，再用所需孔径尺寸的钻头扩钻的方法，这样既保证了对工具的节约使用，又能加工出符合技术要求的孔径。

三、旧设备的改造功用

有一台旧镗床，噪声大、消耗刀头多、效率低，需要维修。分析原因，问题集中在主轴箱的同轴度上。首先把主轴箱用三维坐标仪进行测量，结果是同轴度 0.25 ~ 0.35mm，远远超过图纸设计要求。然后又对镗床进行精度检验，由于使用多年未进行大修，导轨面磨损严重，直线度是 0.20mm，调整后仍然为 0.08mm。由于镗杆的不断装卸，又无法每次都能对镗杆进行测量，主轴孔与尾座孔的同轴度又无法保证，主轴箱粗精镗又不能分开，热变形大，加工精度不可能保证。于是决定利用 CW61100D 卧式车床进行设备改造。

（一）镗杆的装夹、强度和精度问题

把镗杆一端加工成锥柄，与车床主轴内锥孔连接（需加一个锥套），在锥柄大端车 M70×2 的外螺纹，作为拆卸镗杆用，具体操作方法是：在床头主轴端面和圆螺母之间垫两件垫铁，通过向床头端锁紧螺母顶出镗杆。另一端打中心孔与尾座顶尖连接。为保证镗杆强度，选用 Φ125mm 长 1500mm 的 45# 圆钢进行粗车、调质、半精车、线切割在适当位置割出装夹镗刀的两个方孔，并钻攻顶丝孔，然后磨外圆、锥柄，并保证同轴度、圆柱度 0.01mm，直线度 0.01mm，作为找正镗杆与车床导轨平行度的基准。

（二）固定工件平台

卸下小拖板，在中托板上连接一个 1000mm×700mm×100mm 的铸铁平台，平台需

要时效处理后，精刨上下面，钻攻各连接用丝孔，再上平面磨加工，保证平行度 0.02mm。在平台上面固定四件垫板，长 100mm，宽 40mm，高可根据工件主轴箱的中心高决定，垫板需淬火处理，并磨两平面，为减少接触面，中间割出多个槽。

（三）主轴箱的测量方法

把主轴箱底平面放在平台上，用塞尺塞四角翘曲不超过 0.03mm，通过表座在平台上滑动，用千分表测出两孔与平台的平行度及两孔的中心高，旋转主轴箱 90 度，用 V 型块垫起，找平两孔，测出孔与平台的平行度，再通过计算就得出两孔的同轴度。

（四）按照设计要求加工各零件

镗杆是各部位的找正基准，其精度的高低直接影响设备的调试和加工件的精度，镗杆加工的关键是弯曲变形，因此，我们把重点放在热处理上。通过垫平加热，垂直淬火，调质后直线度控制在 1mm 以内，经多次调头精车和间隔精磨，直线度保证在 0.01mm 以内。

（五）安装和调试

①镗杆的安装和调试：卸下车床卡盘，擦净主轴内孔、锥套、镗杆锥柄，锥套装入主轴内孔中，镗杆慢慢插入锥套中，顶针顶好镗杆中心孔，为了减小振动保证精度，需用固定顶尖。在中托板上固定磁力表座，移动大托板，用百分表测量镗杆侧面和上面与导轨面的平行度，调整尾座，保证平行度小于 0.01mm。②平台的安装和调试：卸下小托板，把加工好的平台固定在中托板上，把磁力表座吸在镗杆上，移动大托板和中托板，测量平台与镗杆的平行度，平台下面垫铜皮，调整到平行度小于 0.02mm。安装四件垫板，使用同种测量和调整方法，使垫板与镗杆的平行度小于 0.01mm。③工件的装卸：先把工件主轴箱在镗床上铣底面、铣端面、粗镗内孔。松开尾座后移，大托板后移，把主轴箱吊放在平台上摆正，慢慢移动大托板，把镗杆插入主轴箱内，均匀摇动尾座并紧固，保证各螺栓紧度一致，镗杆中心孔内抹入钙基润滑脂，顶尖松紧要适度，装入镗刀半精镗、精镗各孔及端面。④鉴定和使用：通过对前十件的测量，同轴度在 0.02 ~ 0.06mm 之间，最大的超差 0.03mm，安装车间进行组装试验，其噪声、振动、油温都符合设计要求，技术中心根据试验和市场反馈信息，同时考虑到测量误差，把公差放大到 0.06mm。通过鉴定，这次改造完全符合设计和使用要求，并且精度和效率有了较大的提高。另外，通过更换四件不同高度的垫板，可以加工不同中心高的主轴箱。在此设计改造基础上，根据数控镗床的原理，又设计安装了数控显示装置，能够精确控制加工件的内孔直径和深度尺寸，产品合格率和生产效率有了明显提高。

在机械设备维修过程中，分析故障原因和维修方法、维修技术是关键。如果机械设备没有得到正确的维修处理，会使设备故障更为严重或导致其他故障产生，对设备的危害极其严重。为避免上述现象造成的设备损害，确保设备维修质量，延长设备使用寿命，要不断地提高维修人员的技术水平，准确判断设备故障原因和采取正确的维修方法排除故障、消除设备隐患，防止设备带病运行造成的设备事故。如果每次对设备维护方法使用不当，对设备原有的技术性能造成不良影响，时间长了，设备的技术性能就会下降，甚至损坏。因此，为确保设备原有的技术性能，要正确使用设备，做好设备维护保养工作，从而尽量避免设备出现故障，减少设备维修次数。一定要时刻牢记在工作学习中积累知识，在积累中提高技能，在提高中发展创新技术，在创新中钻研新技术。工作时常处在充实满足和快乐的状态中，这样才富有工作激情，才有成就感，才有社会责任感的提升。

第二节　机械设备管理中机械设备维修的重要性

随着我国社会经济的发展及人们生活水平的提高，人们对汽车产品的需求量越来越高，对汽车产品质量的要求也越来越高，这种情况下就需要汽车企业做好产品的生产工作，在对汽车产品进行生产的过程中主要就是应用汽车设备，所以说，汽车机械设备的管理及维护就显得尤为重要。本节主要就对汽车行业中企业机械设备管理方案及机械设备的维修重要性进行探讨。

一、机械设备维修的重要性分析

（一）提高机械故障维修效率

众所周知，目前很多汽车类的企业中零件加工和生产设备数量是比较多的，而且机械设备的加工强度也比较大，这种情况下，很多机械设备会出现一些故障，如果不能够及时地对这些故障进行处理，那么机械设备的机械操作性能及使用寿命就会严重下降。因此，汽车企业需要对机械设备的运行进行高效的管理、进行实时管理，一旦机械设备发生故障，那么就需要安排机械设备维修人员及时地对故障设备进行维修，这样可以使得机械设备的维修效率提升很多，能够在很大程度上保证汽车机械设备的健康运行，促进机械设备工作稳定性能的提高。

（二）延长机械设备使用周期

目前，我国有很多汽车类企业，汽车对汽车产品的生产效率是比较高的，这也要求汽车企业的机械生产设备运行的效率比较高。由于机械设备使用的频率比较大，机械设备在使用的过程中难免会产生很多的工作损耗，如果不能够对这些机械设备进行及时的养护管理，那么机械设备的使用寿命就会严重下降，这在很大程度上会影响汽车企业相关重要汽车零件的生产和加工。因此，汽车企业员工在对机械设备进行使用的过程中需要遵循设备的使用要求和规范标准，减少机械设备在使用时发生的功能损耗，定期对机械设备的工作性能进行检测，保证这些汽车机械设备的使用周期变得更长，提高设备的使用效率，从而带动汽车企业经济效益的提升。

（三）确保汽车产品在机械设备上的合理生产进度

汽车在生产的过程中需要机械设备的运行，这种情况下，机械设备的磨损及侵蚀是无法避免的。我国有一些汽车企业为了追求生产效率，提高机械设备的运行速度，要求机械设备日夜不停地处于运行状态，这样高强度地对机械设备进行使用会使得机械设备中的零件发生很大程度的磨损和侵蚀现象，而且会导致机械设备自身出现很多问题。由此可见，相关机械设备使用人员应该合理地保证机械设备的使用时间，对汽车产品的生产进度进行合理的规划和制定，只有这样才能够保证汽车企业对设备的运行进行安全可靠的管理，确保汽车产品的生产进度处在一个合适的范围之内。

二、机械设备管理维修的基本内容

（一）诊断故障原因，组织维修

汽车类企业对机械设备的应用相对比较多，而且会使用各种各样的机械设备，这种情况下，就需要汽车企业相关专家制订一套设备的应急维修方案，当设备在运行的过程中发生故障时，相关工作人员可以根据方案的内容来对故障进行检测，对故障发生的原因进行了解，这样可以提高机械设备维修的效率，减少了盲目维修机械设备情况的发生。如果机械设备维修人员没有对机械设备进行准确的维修，那么会导致设备的进一步损坏，而且会导致汽车企业汽车产品生产效率的下降，给汽车企业带来很大的经济损失。由此可见，对机械设备的故障原因进行检测，及时采取维修行动是机械设备高效管理工作中的一项重要环节，因此必须对此环节进行严加把控。

（二）提前采购相同型号零件

目前，汽车企业对汽车进行生产的过程中车床冲压、焊接、涂装、总装及质量检测等环节都需要相对应的机械设备，在任何一个汽车生产环节都不能让机械设备发生故障，因为任何一个环节的机械设备发生故障都会影响整个汽车生产线的正常运行，这就需要汽车企业提前采购一些机械设备上的重要零件。当机械设备发生故障的时候，如果设备维修人员没有相对应的零件来替换机械设备上的破坏零件，那么机械设备就会处于停工状态，这是汽车生产厂家最忌讳的问题。所以说，很多汽车生产企业都会提前采购相关的零部件，而且还会采购市场上质量及性能都比较好的零部件，从而方便机械设备修理和维修之用。

（三）定期检测已损坏零部件

汽车制造生产线上有一些机械设备及其上的零部件很容易发生损坏，这些容易损坏的零部件就是汽车企业设备检修人员应该多注重检修的部分。一般情况下，对这些设备及零部件进行检修的时候需要采取比较科学合理的检修方法，比如选择差异化的清洗方式，采取振动清洗及超声清洗的方式对这些零部件进行清洗可以减少这些零部件的损坏程度，提高零部件的使用性能。但是机械设备中也有一个精密零件，维护人员在对这些精密零件进行检修的时候需要选择有机溶剂对其进行清洗。如果机械设备在使用的过程中发生零部件的损坏，维修人员应该及时地采取正确的检修方法对这些机械设备进行检修，并且停止使用这些机械设备，给机械设备更换高质量的零部件，然后再对这些机械设备进行使用。

三、机械设备管理过程中维修方面存在的不足

（一）管理制度不完善

通过调查可以发现，目前我国有很多汽车类企业在对机械设备进行使用的过程中没有采取比较好的管理方法对这些设备进行高效管理，只是单纯地将机械设备作为消耗品使用，没有采取比较系统化的检修方案，也没有对机械设备的安全运行进行时刻监管，与此同时，汽车企业的设备管理制度也不是很完善，导致设备的使用寿命不是很长，使用性能不是很高。另外，很多汽车企业没有将设备的相关数据信息归纳到档案中，这种情况下，机械设备操作人员及维修人员就不能够根据相关正确的理论知识对这些设备进行管理，导致很多机械设备的工作只是流于表面。由此可见，目前很多汽车企业的机械设备使用情况并不是很好，对机械设备工作的管理也不是很完善，需要对此进行改进。

（二）投资结构不合理

目前很多汽车企业在机械设备的购买上十分阔气，过于注重对短期利益的追求，却忽视了对长期利益的追求；而且汽车企业在对设备进行采购的时候过多地注重对硬件设备的采购，没有采购一些产品生产必需的软件设备，这种情况下就会使得汽车企业生产汽车的效率下降。与此同时，企业的相关管理者也不能够对这些设备的正常运行进行高效的管理，导致设备的使用效果不是很理想。即使汽车企业的机械设备性能再好，没有一批专业性很强的设备操作工作人员，那么设备的运行也不会达到最佳状态，企业的汽车生产效率也不会得到提升。

（三）设备使用与维护工作分离

很多汽车企业为了提高自身的产品生产速度，就要求工作人员昼夜不停地对这些机械设备进行使用，没有把对机械设备的维护工作当回事，久而久之，机械设备内部零件就会发生损坏及磨损；而且企业的一些工作人员对机械设备的操作不是很精通，违章操作会导致设备进一步损坏，严重影响设备的正常运行，这对汽车类企业而言无疑百害而无一利。因此，汽车企业管理者应该将设备的使用及维护工作安排在一个环节，这样有利于机械设备的健康运行。

四、机械设备修理维护的对策

（一）设置专门管理机构

众所周知，汽车企业中机械设备的管理工作是比较重要的，企业需要设立一些专门的

部门对机械设备的运行进行管理，要求这些部门的工作人员及时发现设备在运行中存在的各种安全问题及故障，对机械设备进行不定期的检查，保证机械设备保持在一个高性能的运行状态下，带动汽车企业产品生产效率的提高。

（二）整合设备使用和维护

汽车企业在对机械设备进行使用的过程中需要加上设备维修这一环节的工作，设备使用和维护两工作是相协调的。通过对机械设备的使用可以熟知机械设备的性能，对机械设备进行维护可以保证机械设备健康的运行状态的保持，两者工作同时进行无疑可以帮助汽车企业更好地提高生产效率和经济收益能力。

综上所述，汽车企业机械设备的维护工作至关重要，通过对机械设备的维护不仅可以保证机械设备的正常运行，而且可以间接性地带动汽车企业经济效益的提升。因此，汽车企业要加强对机械设备维护的管理工作，对机械设备故障进行及时解决，推动汽车企业机械设备管理的进一步发展。

第三节 机械制造业设备维修外包体系结构

现代机械设备科技高含量高，对维修人员要求也更为严格，维修人员必须具备机械、电气等多方面知识和技术，这样设备的运营和维修成本将会大幅度上升，不利于机械制造业的可持续发展。面对机械制造业的这种情况，企业可以将设备维修承包给维修商家，这样会降低企业的成本，节省的人力、物力和财力充分应用到企业发展中，提高整体竞争力，对机械制造业设备维修外包的研究具有重要的现实和战略意义。

一、机械制造业设备维修外包的特征

机械制造业设备维修是制造业发展中重要的一环，相关数据统计显示，机械制造设备维修费用占总支出高达30%~40%，并且随高科技技术的发展而相应增加。机械制造业设备的维修与普通的外包业务进行对比，我们发现它有如下的特征：技术含量高，制造业科技含量高，外包维修产品输出时必须保证较高的质量，以保证企业生产的正常进行，否则将会对企业造成巨大的损失，不利于企业的可持续发展；修理频率低，但是周期可能稍长。机械设备故障一般几年才会一次，这就决定设备的维修不频繁，而由于科技含量高，修理在很短的时间内未必能完成，且大的维修所消耗的成本也偏高；企业设备一次性投入大，而企业受益大多源于设备。制造业设备科技水平越高，成本越高，且后期的维修成本也越贵，对制造业设备的合理维护和修理，是企业核心竞争力打造的重要部分。

二、机械制造业设备维修外包体系结构探索

（一）机械制造业设备维修外包的目的性

机械制造业务包括核心和非核心两部分，前者主要指企业的生产，后者强调制造业机械设备的维修和保养。后者的正常保障是前者的基础和前提，只有做好设备的维修和保养，企业才可以集中力量开展生产，无后顾之忧。

机械设备维修外包利用修理商来达到降低企业自身经营成本，同时将节省的人力、物力和财力有限地应用到企业生产中，提高企业的经营效率；同时强化企业内部优秀维修人才与之进行交流、学习，提升内部核心业务维修人员的业务水平。

（二）机械制造业设备维修外包的内容

设备维修外包业务的主要内容有：设备维修外包可行性分析，通过可行性分析，决定哪些业务可以进行外包，对企业的效益产生了怎样的影响；制定有效的设备维修外包策略，通过有效策略的设定，对维修外包所涉及的领域和范围进行划分、界定；设备维修外包的设计，该部分内容是外包的关键，主要在于如何选择合适的维修商，制定对自身有利的合同和协议；对外包计划的监督和跟进，不能签完合同就万事大吉，要对维修商的维修工作进行跟进，确定维修工作在科学的范围内进行，避免弄虚作假的情况出现；外包计划的结束，该内容主要根据对外包维修的评价来决定。

（三）设备维修外包的流程

制造企业的设备一旦出现故障，将会给企业带来重大的损失，为了降低这种损失和风险，企业可以采取核心业务自修和非核心业务外包的模式进行机械设备维修工作。具体的流程包括：

1. 维修外包决策分析

这个阶段是设备维修外包的准备阶段，主要包括对外包进行可行性调研、建立外包负责的机构，并决定设备维修外包的范围和具体的策略。在当前激烈的市场竞争中，设备维修采取何种途径都会对企业发展造成重大的影响，都会致使企业不得不进行生产流程和工作变动，因此要强化维修商和外包委员会、外包委员会和企业生产车间之间的沟通联系，确保企业生产制造的正常开展。在做出外包决策前，企业要咨询相关专家，设定维修的设备范围和策略，一般企业一般设备和核心设备维修都不会采取外包，都会由自己的维修人员维修，其余的交给维修商进行外包，这样既可以保障核心技术的保密工作，又可以利用维修商的规模经济降低企业维系成本，提升企业的竞争力。

2. 设备维修和外包

首先，在市场上多收集维修商的信息和资料，并对潜在的目标设备维修服务商进行评价，根据企业自身发展特点和设备情况，选择合适的维修商进行合作；其次，加强服务商

评价指标的选择，通过完整、科学、有效的评价指标，确保对机械制造业设备维修外包服务商评价的正确性和有效性，建立好评价指标体系后，就需要对外包服务商进行评价，一般采用层次分析法与模糊综合评价法相结合的方法；最后，由于设备维修外包存在一定的不确定性，外包合同的签订需要尽可能地严谨，在合同中将双方权利义务、责任等明确进行规定，当出现经济纠纷时可以按照合同去维护自身权益；设备维修商在承担一定责任时，还需要时刻承受风险，即企业商业泄露、设备维修慢、设备维修质量差等。

3. 维修外包的绩效评价

设备维修计划结束后，通过维修商前期提供的服务打分指标进行评价，当维修质量和服务考核评价达到企业的需求预期后，企业会进行下一次外包合作，并且会去扩大外包范围和设备维修的期限，并逐渐变成长期战略合作关系；反之，如果维修质量没有达到预期，企业将会终止合作，后期企业不会选择与其进行合作，则会选择自我维修或者继续寻找维修商。

当前机械制造业设备外包所涉及的都是非核心技术，但是随着社会的发展、竞争环境的日益变迁、技术的进步、经营理念的变化，企业的核心业务也会逐渐出现在设备外包维修中，这就需要企业调动思维，未雨绸缪，提前考虑核心业务外包。

第四节　快速原型制造技术与机械设备维修

当前有许多零件制造企业加工设备或生产车间不能满足高精度或个性化零件的生产需要，快速原型制造技术的产生使这种状况有了解决的方法。企业员工通过电脑设备将产品的三维几何数据模型下载下来，将数据传递给相应的机械，利用机械将原材料加工成为需要的机械零件。设备的正常运行是产品制造型企业生产、加工的基础保障，但许多企业在设备维修的过程中常常会出现设备配件短缺或零件与设备不匹配的不良现象，导致设备的维修工作不能及时进行，进而影响企业的正常生产，为企业带来不必要的经济损失。因此，本节就快速原型制造技术在企业机械设备维修领域的应用进行简单的探讨。

一、快速原型制造技术概述

快速原型制造技术起源于 20 世纪 80 年代的日本，以离散堆积原理为基础，将零件的三维模型离散化后，将离散的点、面、线组合堆积成零件形状，得到目标原型，然后构建数字化描述模型，并将信息传送给集成制造系统，将相应的材料进行三维堆砌，制造成所需的零件设备。快速原型制造技术涉及数据处理、数控、激光、测试传感等多种机械电子技术，打破了传统的实体模型制造方式，更加高效、精确，缩短了模型或模具的制造周期，极大地降低了企业的生产成本，提高了企业的经济效益，实用价值较高，具有很好的应用前景。现阶段常见的快速原型制造技术有选区粉末激光烧结技术、片层叠加制造技术等。

二、在机械设备维修领域，快速原型制造技术的有效应用

（一）机械设备维修过程中所存在的问题

企业生产运行过程中，设备零部件损坏是经常发生的事情，为了保证企业生产运营正常，要求维修人员尽可能快地发现设备故障部件，并及时更换备用零件，但实际的生产过程中，经常会因为设备零件不匹配或库存数量不足等耽误设备维修，延长设备停机时间，延误企业产品的生产周期，进而造成较大的经济损失。一般情况下，一旦发现设备维修时企业的设备配件数量不足，就需要相关人员迅速将配件的设计图纸发送给专门的加工厂临时制作，这样一来，企业的生产成本必然会提高，但如果设备备件的数量过多，又会导致备用零件占用空间较大，花费的资金过多，占用了流动资金，也会为企业带来不必要的麻烦。另外，金属配件大多通过数控机床进行加工，但如果只生产较少数量的配件，数控机床难以进行。配件小批量生产的成本较高，也会影响设备备件的生产过程。总而言之，由于种种因素的制约，造成设备备件的再造工作比较困难，从而影响设备维修工作的开展。

（二）快速原型制造技术的优化应用

快速原型制造技术的出现，将有效解决机械设备维修过程中的设备再造问题，同时减少小批量设备备件生产的成本。随着科学技术的不断进步，计算机集成系统也在不断地改造深化，利用快速原型制造及计算机集成系统生产设备备件，使得因配件缺失导致的维修难题得到了很好的解决。

首先由设备制造企业以三维实体模型数据的方式将设备配件的相关参数信息存储于数据库中，并分类发布于公司的网站上。产品制造企业发现生产机械出现故障，进行检查后及时发现故障部位，然后在设备制造企业的网站上查询下载设备配件信息，并将该信息迅速发送给快速原型制造中心进行备件制造工作，这种方法极大地方便了产品制造企业的设备维修工作。企业机械设备管理人员还应该将下载的三维模型数据信息保存到企业内部的设备管理数据库中，便于下次使用。

部分厂家会从国外进口一些设备，这些设备配件重新购置花费的时间比较长，且设备的相关信息难以快速获得，这时可以利用快速原型制造技术中的逆向工程实施测绘工作，最终得到设备的三维实体数据模型，进而开展配件生产工作。

企业还可以针对生产线中的所有设备构建一个虚拟的备件库，并将数据库中所有的非标备件的三维实体模型进行分类，为企业设备的维修管理工作提供数据保障。当设备的非标配件出现损坏时，企业机械设备的维修管理人员能够快速从数据库中获取相关数据信息，然后将其发送至快速成型制造中心进行配件生产工作，缩短设备维修的周期，保证企业生产工作的正常进行，促进企业经济效益的提高。

将快速成型制造技术运用于机械设备的维修过程中，避免了因零件不匹配造成维修周

期延长现象的发生，有效地提高了设备维修的效率，保证了企业设备运行的可靠性，有利于企业经济效益的增长。

第五节　化工设备管理的化工机械维修保养

化工行业现在已经完全融入我们的生活中，随着化工企业的发展空间越来越宽广，企业的规模和产量也越来越大，工作人员便逐渐开始关注保持生产效率等方面，而使用化工机械维修保养技术来提升设备管理的强度是一种重要的方法，通过保证设备的运行来提升生产质量，从而稳定和提升企业的生产能力和行业竞争能力。近年来，随着我国技术水平的不断提高，化工企业也在其内部研究中加入了各类先进技术，推动整个现代科技的发展，尤其是在对提高化工设备管理水平方面更是突飞猛进。本节将对化工设备的管理做简要分析，探讨技术的具体应用。

一、化工设备管理

（一）化工机械设备润滑管理

由于目前我国化工企业的规模越来越大，产量也越来越高，因此基本上化工设备的生产工作时间很长，24 小时基本都属于加工状态，经过长时间的高强度运行后，一些内部构件会因加热、磨损、腐蚀等影响设备的性能，最终导致设备故障，影响生产效率。所以，对于零部件较多的机械设备来说，润滑是十分重要的。化工机械设备在进行保养时，要注意两个方面：一是对润滑剂的选择和使用；二是对润滑剂的管理。在进行选择润滑剂的过程中首先要注意机械设备在运转时的安全性，而且要根据设备的运转情况来酌情选用润滑剂。对润滑剂的管理上要注意，由于化工企业储备的润滑剂存量较大，应设立专门的岗位来安排专人负责管理，明确使用的顺序和种类，按照标准储存和使用，记清使用明细，要按照种类和作用分开摆放，不可以混淆。特别是管理人员还要定期对润滑剂进行抽样检查，测试使用的状态，保证润滑剂可以发挥其作用。

（二）化工设备防腐管理

上文提到，化工设备会因腐蚀、磨损等而产生故障，为此，我们要进行专门的化工设备防腐管理，这是一项很复杂的工作，工作流程分为三个步骤：第一，防腐设计；第二，防腐制作；第三，防腐使用。在进行防腐管理的过程中，要注意防腐设计的准确性，设计人员必须慎重选择用来增强耐腐蚀性的材料，其中要从耐腐蚀、耐高温、耐化学物质等方面进行参考。到了防腐制作时，工作人员必须在正式施工前了解施工规范，然后才可以进行设备制作，在制作过程中还要对制作的材料进行二次检查，使用符合行业规范和设计标准的材料进行设备制作。最后，在使用的过程中，相关人员必须确定化工机械设备管理的前两个步骤全部按标准完成，而且设备的使用环境同样符合防腐管理标准。在使用后，管理人员还需要定期对设备防腐蚀情况做抽样检查，及时发现并解决各类隐患，从而为后续的工作奠定基础。

二、化工机械设备维修保养技术

（一）化工机械设备维修技术

在企业运行过程中，当化工机械设备发生故障时，需要使用化工机械维修技术来对化工设备的各零部件或者其他组成部分进行维修，企业应明确要求，当化工设备发生故障或者疑似故障时，应立刻停止运行，然后马上安排维修，这样不仅能够保证化工设备的使用寿命和生产效率，而且可以降低对工作人员的安全威胁。化工机械设备的维修技术水平将直接影响化工设备的运行效率和生产质量，如果没有及时地使用维修技术或者维修水平不到位，那么机械设备会带病工作，不但生产量上会有问题，而且设备的使用寿命也会大大降低，最终增加企业的生产成本，影响企业的经济效益。

（二）化工机械设备保养技术分析

在企业的生产过程中，当部分化工设备发生故障并进行过维修后，相关管理人员就应该引起重视，开始使用化工机械设备保养技术对已经维修过的、发生过故障的设备和其他还没有发生过故障的设备进行养护，防患于未然。通过设备保养技术来提升其他设备的使用寿命，稳定化工设备的生产能力，对于生产设备来说，保证化工机械设备的整体性能是最为重要的。在进行化工机械设备保养技术的使用时，应注意每日养护的频率和方式，在日常养护中，大致就是对结构和运行的检查，还有一些零部件关键位置的擦拭，避免油污堵塞零部件的结合处，影响设备运行。除了每天的简单养护外，每间隔三个月还要聘请专业的设备保养人员进行全面养护和试运行，提高检查和养护的精度，并做适当的记录。每间隔一年，要进行更加全面的保养，由于化工机械设备的使用时间长，运转负荷大，使用超过一年的设备无论平时养护再精细，零部件也一定会有损伤，这时要做的不仅仅是保养，要对各个零部件的运行质量做全面分析，更换老旧的、破损的部件，以维修和更换为主，尽可能地保证化工机械设备的运行效率。特别是设备中的齿轮箱、油箱、水箱等容易产生污垢和磨损的地方，更要进行全面的清理和检查。

（三）化工机械维修保养技术的自动化

我们为了在短时间内将机械设备的内部结构显示出来，必须使用智能自动化技术。同时引用计算机相关技术，加快对设备内部零部件的分析和处理。不仅如此，在使用一些技术后，化工设备检测的灵敏度和效率大大提升，能够测量其中的细小损伤。另外，可以进行实时分析与监控，并对其在线分析，大幅度提升了养护和维修工作的效率，不仅不会影响设备的实时运行，还可以对比较老旧复杂的设备进行动态管理，一旦运行出现问题可以立刻回馈给技术人员。如今是智能化与自动化的时代，任何科技领域的技术都在向着这两个方面发展，化工机械设备也不例外，在一些相关设备和技术的支持下它们也可以智能化、自动化地进行分析和处理，实时汇报运行的状态，也方便管理人员进行检修和养护。最后，尝试使用自动化技术来提升化工机械维修保养的技术水平，可以减少人力检修的失误，提高养护效率。推动企业发展，利用新型技术减少人力成本，提高企业的行业竞争力。

总的来说，化工设备的管理对提升化工企业的生产效率和经济效益都是十分重要的，化工设备的管理水平将直接影响化工企业的产量。因此，化工企业应重视化工设备的管理水平，从而提高企业生产能力。不仅如此，化工机械设备是企业生产的主要力量，而且随着化工企业的发展，化工设备的运行时间和负荷都很大，往往使用寿命都很短，为了企业的经济效益和生产稳定，必须加强化工机械维修保养技术的水平，推动企业的可持续发展。

第六节　煤矿机械设备的大修和管理

随着我国社会主义经济建设的不断发展和经济模式转型的全面开展，煤矿生产行业改革势在必行。各级政府部门和煤矿生产企业应当紧紧抓住转型机遇，改良生产模式和管理模式，为我国的国民生产建设做出更大的贡献。

一、煤矿机械设备大修手段

（一）集中式维修

为了充分解决当前煤矿机械设备大修工作中设备维修与生产运行之间的矛盾，以及维修工作细碎、繁琐的问题，煤矿管理部门和维修部门应当将煤矿机械设备的大修工作进行统一、集中管理，将分散的大修工序集中到一起，定期进行维修，减少人力、物力和时间的浪费。同时，地方政府部门和煤矿管理机构也可对同一地区的煤矿企业的机械设备进行集中维修管理，建立专门的部门、机构，或吸引社会资本进行投资，成立煤矿机械设备维修管理公司，聘请专业的维修人员，定期对各煤矿企业的机械设备进行大修工作，提高维修质量和效率，将维修成本的利用率最大化。例如，在宁夏的煤矿开采集中地区，当地政府就集合煤矿资源和社会资源，成立的专门负责矿山机械设备维修业务的神华宁夏煤业集团矿山机械制造维修分公司，该公司利用各种先进技术手段对地区内的各类矿山机械设备进行维修、养护，为当地的煤矿生产节约了大量人力、物力资源。

（二）状态监测、诊断

煤矿机械设备的大修工作目的是有效地解决机械故障，提高机械设备的运行效率，因此，煤矿机械设备的维修应当以预防作为核心目标，时刻关注机械设备的运行状态，在源头将故障消除，降低技术失误、安全事故的发生概率。煤矿生产企业应当积极采用计算机技术、电子信息技术、微电子技术手段，建立健全煤矿机械设备故障监测、诊断系统，对机械设备的工作状态予以实时监控，及时对数据错误、指标变化等异常现象进行分析和诊断，并根据故障监测诊断系统给出的信息数据报告迅速采取合理、有效的应对措施，在最短时间内消除、解决故障，将机械设备故障带来的损失降到最低。例如，近年来我国自主研发的煤矿井下大型远程监控信息平台，该平台使用无人值守系统代替人工井下现场值守，实现了井下机械设备的故障监测诊断，并为煤矿企业提供了合理的解决方案和措施。

（三）智能网络系统管理

煤矿管理部门和煤矿生产企业应当根据企业的生产规模和煤矿机械设备的维修工艺要求建立煤矿机械设备大修智能网络系统，并将不同地区的每家企业的每台设备都连通至该网络，使所有机械设备的运行状态信息、故障信息数据和维修数据记录都能全面、详细地呈现在网络系统中，方便不同煤矿生产企业和机械设备使用人员、维修人员在其中进行资料查找、数据参考，打破地域限制和时空限制，进一步提高煤矿机械设备大修工作的质量和效率。同时，还应当在煤矿机械设备大修智能网络系统中引入维修服务系统，对所有企业的所有设备信息进行统一分析、管理，当维修人员输入设备故障信息时，系统便能提供与之情况相似的维修案例，并给出维修方案，从而实现机械设备维修工作的全面智能化。中电投林华煤矿使用的就是矿下智能网络设备维修系统，该系统包含了矿下所有设备的参数信息与维修记录，并与其他煤矿生产企业进行联网，企业内部人员可在系统内对所有设备数据信息进行查找，并根据系统提供的参考方案选择合适的维修、护理方式。

二、煤矿机械设备管理措施

（一）加强制度管理

煤矿生产企业应当将煤矿机械设备管理工作纳入企业综合管理的工作范畴中，根据企业生产经营规模、状况和机械设备的运行状况、管理要求制定系统、全面、详细的管理制度，对机械设备的购置、使用、养护、维修、报废等进行规范，使机械设备的日常管理做到有据可依，用"法治"代替"人治"，避免出现滥用职权、玩忽职守等不良现象。同时，煤矿机械设备管理制度还应当对相关责任主体进行明确规定，将机械设备的管理职责落实到个人，对每一环节、每一部件的责任人都进行清晰划分，防止部门、个人之见出现互相推诿的情况。

（二）加强人员管理

煤矿管理部门应当对煤矿生产企业相关领导、负责人展开机械设备管理培训教育，由上至下地树立机械设备管理意识和理念，帮助生产企业形成正确的管理体系。企业负责人也要积极开展学习、创新活动，从自身加强机械设备管理意识，从而提高企业管理效率和生产效率。在煤矿生产企业人员队伍建设上，应当高度重视机械设备管理教育培训工作，不仅要针对管理人员和维修人员进行培训，还应当在企业全体员工范围内加强对机械设备使用知识、维修知识的普及，督促员工按照机械设备操作规范进行科学、合理的操作，禁止出现违规操作现象，从源头消除机械故障。

（三）加强系统管理

煤矿生产企业的机械设备具有功能复杂、数量庞大的特点，如果只依靠数量不多的人员对其进行管理是远远无法满足管理需求的。因此，煤矿生产企业应当建立机械设备管理系统，将企业内部的每台设备都连入系统之中，并将相关数据信息输入系统，方便管理人员、使用人员和维修人员的查阅、参考。同时，煤矿生产企业领导、责任人应当定期对机械设备管理系统的运行状况和有关数据进行浏览、检查，及时发现异常现象，并根据相关数据信息所显示的规律和特点，采取相应的管理措施、处理办法，改善管理系统的运行方式和管理人员的操作方式，实现企业机械设备管理的随时改进。

总而言之，煤矿机械设备的大修和管理是煤矿生产经营管理的重要组成部分，煤矿管理部门和生产企业应当高度重视煤矿机械设备的大修和管理工作，采取积极有效的手段和措施，加强人员管理、制度管理，引进先进设备、技术，提高煤矿生产质量和效率。

第七节　矿业机械设备的维护与检测

本节对矿业机械设备中出现的问题进行几点阐述，从人才、组织、机制三个方面具体分析，针对这些问题，本节在第二部分提出预备、善后、环保方面的具体建议措施。

随着信息化的高速发展，我国的矿业机械设备的功能与应用也发生了日新月异的变化，同时在矿业设备的运行中也逐渐显露出一些问题，如机械设备运行不正常、生产效率不高等。在市场化体制的今天，矿业生产也趋向市场化、社会化，要发挥矿业机械设备在矿业生产中的功能，必须对其进行定期的维护与检测，只有确保矿业企业的正常运转，才能推进矿业企业的经济发展。

一、矿业机械设备维护管理中的弊端

（一）专业人才匮乏

一般来讲，矿业企业的员工主要是农民工，虽然不排除个别具有一定专业基础，但他们在参加工作前往往没有任何的培训教育。因而，矿业企业员工的素质是良莠不齐的，大部分的员工对这些机械设备的性能、操作规范、维护要求都不熟悉，再加上他们流动比较频繁，致使在实际的工作中对机械设备的维护与检测完全漠视，所以矿业机械设备的维护与检测就成了只有规定没有行动的空头支票，长此下去矿业企业生产的安全必然存在隐患。

（二）企业组织机构的不灵活

矿业企业组织机构的不灵活是机械设备管理中的一大问题，因为矿业组织结构是直线式的，矿业企业很容易倾向个人主导性的组织，造成企业内部管理分工不明确，权责不清晰，一旦发生重大问题，便会相互埋怨、互相推诿。另外，矿业企业各部门各自为政，使集体的团队作用得不到发挥，企业员工的积极性会逐渐消失殆尽。

（三）奖励机制不健全

健全的奖励机制可以有效解决矿业机械设备中的问题。矿业企业生产依靠的是大量机械设备的运行，这就需要采取一定的激励措施来保障机械设备的安全运行。可能这种措施会造成企业的一些成本压力，但从长远的效果来看，矿业机械设备安全系数的提高，可以快速提高企业的经济效益。所以，矿业企业采取的激励措施不仅仅是调动员工积极性的一种方法。

二、矿业机械设备的维护与检测

矿业企业生产中使用的机械设备占据了固定投资总额的很大一部分，若使这部分固定资产能够快速投入运行，还必须提供设备所需的维护与检测费用，这些费用才是影响矿业企业经济效益的直接因素。为了保证矿业企业机械设备的正常运行，一些企业坚持定期维修的模式，按照不同的内容与工作量身定做了不同的维护与检修措施，主要可分为以下两个方面。

（一）预防措施

科学技术的快速发展，提高了矿业机械设备的配置水平。如电气、液体化等先进的矿业机械设备在未来中的应用会越来越广泛，但是原有的利用感官手段与经验的判断检测方法已经不能适应这类机械设备，它需要借助现代的仪器进行检测，这样才能确保机械设备的正常运行。因而，这就需要对机械设备的操作员工进行培训，使他们掌握现代仪器测试的方法与技能，能够正确地判断出设备的故障，只有具有这种能力的人才，才能做到及时排除设备故障，从而提高矿业机械设备的利用效率，确保企业生产的平稳发展。

（二）善后措施

矿业机械设备维护之后，能够有效减少运行中的故障，矿业企业机械设备的性能和完整度也能得到一定的保证。当然机械设备的维护与检测不单只是为了提高设备利用率，这种科学合理的维护模式是按照设备的维护需要与技术条件进行操作的。在机械设备的实际维护与检修过程中，要根据设备的性能特点与功能选择合适的维检方法，做好预防性措施的同时，我们要利用各种措施与办法逐步提高对设备故障的检测效率，让矿业机械设备停运的时间降低到最小，扩大整体利用效率，设备的寿命周期增长，成本自然就下降下来，从而为企业创造辉煌的业绩。

　　总之，做好维护与检测工作是保证矿业机械设备正常运行的必要条件。因而专业的技术人员做好预防性的维护工作，在维护之后定期对其进行检查，这些是保证机械设备正常运转的基础措施。因而，合理的维护与检修制度是将责任与利益结合起来，从而延长设备的生命周期，强化矿业机械设备的生产能力。

（三）环保措施

　　矿业机械设备大多涉及破碎、磨粉、制砂等方面，一直以来矿业从业人员都处在一个高污染的环境中作业，而新型的环保节能设备的成本随着企业生产技术的更新与行业规模的扩大而逐渐降低，基于这一点，就能看到环保措施在企业未来的成长空间里的成本优势。高效节能是经济发展倡导的新理念，矿业环保机械已在我国矿产行业广泛使用，它低污染高效率的特点，为其未来的发展提供了广阔的空间。因而在矿业机械设备的维护检查工作中，要逐步提高机械设备的环保性能，这样在保证其工作量的同时减少了能量的消耗，从而大大降低了生产的成本。当前我国矿产资源紧缺，建筑垃圾却日益增多，这就需要解决矿业机械设备的节能环保问题，将它作为日后维护与检测的基本点。

第八节　水电站机械设备的运行维护与管理

　　水电站的机电设备管理是指对水电站的机电设备在其使用、维护、保养和预检修等方面进行的管理，是水利工程管理的重要组成部分。机械设备的正常运转，是创造良好经济效益的关键所在。检修水平的高低在一定程度上决定了水电站是否能安全高质量地运行，如果设备完好率低，不能安全运行，其利用率必然低。因此，加强对机械设备的管理，应采取科学、高效的管理措施，才能提升水电站机械设备的维护技术，才能提高设备的完好率和利用率，减少设备维修的频率，节省其在运转过程中所消耗的辅助材料，使得水电站经济效益和社会效益实现最大化。

一、水电站机械设备的运行维护

（一）水电站机械设备运行维护的特点

　　水电站的电器设备维护是由运行值班人员和维修人员共同执行的一项工作。水电站电器设备运行维护的主要特点有：①减少因故障而造成的发电损失、电能损耗；②降低发生电气火灾和引起触电伤亡事故；③预先发现设备隐患，并通过及时采取措施，以减少设备故障或损失。

　　无论是传统的电站机械设备运行管理手段，还是信息化管理方式，都要严格执行《电力安全工作规程》中规定的"两票三制"和监护人制度。"两票"指的是工作票、操作票；"三制"指的是交接班制、巡回检查制、设备定期试验轮换制。这一制度，既包含着电站对安全生产的科学管理使命感，也包含了电站员工对安全生产居安思危的责任感，是电站安全生产最根本的保障。

无论信息、科学技术如何发达，设备如何先进，通过人对机械的维护管理，通过人在现场的巡查、除尘、清洁等工作，以加强运行维护，才能有效减低机械设备故障的发生率，才能及时采取措施处理解决问题。

（二）水电站机械设备的运行维护要求

对机电设备定时记录和巡回检查，是水电厂电力机械设备日常维护的重要工作。具体而言，要做好以下几个方面的工作：第一，定时记录发电机组的各项运行参数，且需注意参数是否在规定的范围之内；第二，检查一、二次回路的各个连接处是否有发热、变色等异常现象，电压、电流互感器、水轮机、发电机是否有异常声响；第三，检查油断路器的油位、油色是否异常，是否有漏油现象；第四，检查发电机是否有异常气味，其振动摆度是否过大等；第五，检查水轮发电机组电机及轴承温度是否过热；第六，主轴及导叶套是否严重漏水，剪断销是否正常无破损；第七，检查油、气、水等系统是否存在漏油、漏水、漏气及阻塞等现象，各轴承油位、油色、温度是否异常。以上几个方面，在巡查时如发现有异常须及时处理。此外，应做好水电站机组日常清理工作，定期对水轮发电机组进行必要的清理清扫和设备的清洁，及时处理掉有可能导致发电机机械设备不能正常运作的安全隐患。

二、水电站机械设备的管理措施

水电站机械设备的运行维护与管理，既需要有好的技术，又要能按照相关的操作、检测规范严格执行。这就需要完善的制度作为管理的保障。水电站机械设备的管理主要包括巡回检查、设备管理和倒闸操作三个方面的内容。

（一）加强巡回检查管理

巡回检查是水电站运行维护管理中最基本、最重要的措施之一。做好巡回检查管理工作，要避免巡查应付、走过场。因而，要明确巡查路线、关键点以及具体的检查事项等，做好相应的记录。在采取传统的"看、听、闻、查"方法的基础上，做到利用相应的工具、手段，做好做到"全面看""仔细听""彻底闻"和"安全查"的工作，避免不必要的遗漏，杜绝安全隐患。

（二）完善设备管理制度

水电站机械设备管理制度的制定和完善应根据水电站设备的特点来进行。通过实施科学、合理的管理制度，以保障电气设备得到有效的运行维护和管理。同时，还应根据电气设备运行的数据建立备品备件数据库。建立健全水电站的生产例会制度、检修人员的培训制度和故障分析制度，对其进行定期的培训以不断提高其岗位技能。管理人员要做好"预防为主""应修必修，修必修好"的企业文化，严格贯彻、执行并坚持"安全第一、预防为主"的方针政策，全面落实《电业安全工作规程》和《安全生产法》的相关要求。

（三）规范倒闸操作

《电业安全工作规程》对倒闸操作做出了执行的标准和原则。"两票三制"和监护人制度对变换水电站电气机械设备的工作状态提出了严格的执行规范。倒闸的操作是通过断路器和隔离开关的相互配合来改变机械设备的运行、检修及冷和热备用四种状态的。其中断路器能拉合负荷电流和切断短路电流。隔离开关因其不能切合负荷电流和切断短路电流，所以必须先拉下断路器（拉闸），再拉隔离开关。倒闸操作必须严格遵守"五防"规定和执行标准。送电操作必须先合隔离开关，在合断路器（合闸）。此外还要注意的是，合闸须从电源侧开始，确认断路器已断开，再依次合上母线侧的隔离开关、负荷侧隔离开关，最后合上断路器。

目前，水电站机械设备的数量和种类也越来越多，新的检测技术不断产生和投入应用，机械维护的手段也越来越先进，已经有多项管理标准等同或等效于国际标准。随着我国水利电力工程自动化监控技术标准体系化的建立和成熟，水电站机械设备的运行与管理将更加科学，更加规范。不断提高电气设备运行管理与维护的水平，将置于水电站发展的首要位置。

第九章　机械产品的应用研究

第一节　机械产品绿色制造技术的应用

绿色制造技术具有多样化、多层次、复杂性的特点，机械制造过程中，绿色制造技术的应用对降低资源成本、保护环境、实现资源可持续利用具有重要意义。绿色制造技术不同于传统的机械加工，它着重于如何利用技术手段提高资源的回收率与利用率，从而达到节约资源、减少污染、降低能耗的目的。

一、绿色制造的概述

（一）绿色制造概念

绿色制造又被称为环境意识制造，即在机械制造过程中，将环境因素考虑进去，其目的是利用技术手段，优化制造程序，降低环境污染，达到节约资源、可持续发展的目的。现代化的机械制造包含了产品设计、产品制造、包装、运输及产品的回收等不同阶段，绿色制造就是通过提高资源回收利用率、优化资源配置、合理保护环境三个方面进行机械制造行业的产业升级和优化。

（二）绿色制造基本模式

绿色制造基本模式分为三大方面，分别是绿色资源、绿色生产及绿色产品。其中，绿色资源是指在制造过程中使用绿色的材料和能源。从原材料和能源角度出发，一方面提高能源利用率；另一方面使用清洁能源和环保材料不仅可以保障产品的需求，而且可以达到环保的目的。绿色生产包括绿色设计和绿色生产工艺。绿色设计指的是在机械制造的设计阶段应该遵循环保理念，从绿色制造的角度出发，进行产品制造方案的设计。绿色生产工艺则包含了采用先进低能耗技术的机械设备、绿色制造工艺规划及绿色生产技术。绿色产品是指在产品的包装运输、使用及回收利用过程中，结合绿色理念，降低产品后期循环过程中的能源消耗和环境污染。

（三）绿色制造的特点

绿色制造具有全面性、综合性及交叉性的特点。其中全面性指的是绿色制造必须贯穿整个产品的生命周期，它覆盖了产品生命周期内的每个阶段，而且不同的阶段需要的措施不同。综合性是指在产品制造的不同阶段对环境造成不同程度的影响，绿色制造既要考虑造成环境破坏的具体原因，又要考虑资源、设备、产品之间的关系，从整体把握内在联系，从而达到优化升级，降低污染的目的。交叉性是指整个绿色制造过程涵盖了多种学科，如机械制造技术、材料技术、环境管理等，体现出了学科上的交叉性特点。

二、机械制造过程中绿色制造技术应用分析

（一）绿色理念

产品结构设计过程中，主要是对机械产品质量、使用寿命、生产环境及产品具体功能进行综合性考虑，达到绿色节能的目的。在机械产品设计前，需要对产品生命周期中不同阶段的环境属性进行准确把握，并以其为原则进行产品可维修性、可循环性及可装配性进行设计，在提高产品质量的同时，降低产品生产成本和资源损耗，在设计过程中树立环保理念，坚持可持续发展的目标和要求。

（二）绿色材料

材料的种类及质量直接关系到产品的整体性能，绿色机械产品必须采用相应的绿色设计理念和相应的绿色材料。绿色材料在开发使用过程中，必须根据实际要求，将环境因素考虑进去，既要保障材料的技术性能和经济效益，也要遵守相应的原则，达到绿色环保的目的。首先，材料来源的选择必须遵循费用低、污染小、能耗低的原则。其次，在选择过程中，要充分考虑相应的社会和经济效益，在满足产品制造需求的前提下，保障其与社会发展相协调。再次，按照要求，选择相应的可再生或者可回收材料。最后，要采用回收率高的材料，从而保障产品的回收利用率。低毒、无污染、可回收的绿色材料是机械制造材料以后发展的趋势和方向，通过先进技术，制造各种有益于环境保护、节约资源的新材料，对机械制造行业的发展具有现实的意义。

（三）绿色制造工艺

根据绿色制造技术的总体要求及降低能源损耗、减少环境污染、促进可持续发展的目的，可以将绿色制造工艺分为三种类型，分别是环保型、节能型和资源节约型。

1. 环保型绿色制造工艺

环保型绿色制造工艺就是在制造过程中，要依据环保理念，利用相应的技术达到环保的要求。它是绿色制造工艺中的重点内容，通常是利用新型的制造技术和加工技术，降低生产过程中所产生的废气、废水和废料，达到环保的目的。

2. 节能型绿色制造工艺

节能型绿色制造工艺主要从节约能源的角度出发，利用新技术和新工艺降低机械制造过程中的能源消耗，提高能源利用率。机械制造过程中，消耗的能源主要包含了电能和化

石能源，如果能够有效地降低能源消耗，不仅可以促进能源的可持续利用，还能降低环境污染，减小机械制造对环境的影响。

3. 资源节约型绿色制造工艺

资源节约型绿色工艺利用技术手段提高资源利用率，优化资源利用结构和机械装置，达到节约资源的目的。在机械制造过程中，如果利用技术优势将机械的整体生产结构进行简化，在保证完成生产的前提下，更加简化的生产系统所消耗的能源及资源也会相对降低，从而降低材料的成本，实现绿色生产。

（四）绿色包装

产品包装是产品生产制造的重要一环，也是绿色制造的重要组成部分。绿色包装一方面需要考虑产品包装的外在美观性，另一方面也需要考虑包装材料的成本、回收再利用率、污染程度等问题。产品包装主要是通过相应的包装机械，采用对应的材料对产品进行绿色包装。目前，最为常用的包装材料有塑料、木板和纸板。其中纸板因具有可回收再利用、易被降解、污染小等特点被广泛应用。但是纸板在前期制作过程中，会对环境造成严重的污染，而且纸板硬度小，对于易碎、易坏、需防水的产品用纸板包装无法达到相应要求。木板大多数用于机电类产品的包装，但是木材属于不可再生资源，过多地使用会对生态造成严重影响，与环保理念不相符，并不适合广泛推广。塑料由于其可回收再利用率不高，而且被自然降解的可能性小，也不适合被用来进行绿色包装。所以，为了达到绿色包装要求，应该采用可降解、强度适中且便于生产、可回收利用的新型材料。比如，蜂窝纸板、聚乳酸发泡材料、淀粉制包装等。

（五）绿色回收

产品回收是产品生命周期内的最后一个环节，对废旧产品的合理回收再利用可以有效避免资源的浪费，促进可持续化的生产和发展。机械产品在回收阶段具有可拆卸的特点，其方式主要取决于产品的装配方式。机械产品的连接分为间隙连接、过度连接和过盈连接三种方式，其中以压力压入的过盈连接的可拆性最弱。螺纹紧固、焊接和粘接等方式中焊接的可拆性最差。对于电子产品的回收而言，有些电子产品存在化学物质和重金属物质，如果处理不当，会对环境造成严重污染。所以，在对产品进行绿色回收过程中，最好的方式是进行集中分类处理，然后利用专业手段对其进行销毁或者再利用，防止其对环境再次严重破坏及资源的浪费。

在绿色制造技术被运用于机械制造过程的各个环节和贯穿产品整个生命周期的过程中，应把握好每个环节对环境造成的影响，利用合理的方式和科学的技术进行处理，能够有效降低能源消耗和环境污染，在提高产品质量的同时，促进工业的可持续发展，逐步改进技术中存在的缺点和不足，使机械制造中的绿色制造技术能够得到完善和推广。

第二节 机械产品专利知识的提取和应用

企业机械产品设计过程中，专利文献占有很重要的地位。然而，目前专利申请数量日趋庞大，产品设计人员需要花费大量时间阅读和分析专利文献。随着专利数据的大幅增加，仅依靠人工查阅的方式获取专利知识与信息越来越显得力不从心。对此，笔者构建辅助设计人员进行研发设计的专利知识抽取方法与系统，实现对专利知识的自动提取，构建专利知识图谱、产品设计专利知识推送等功能。

以往学者对专利知识的提取通常以关键词或术语的形式来代表专利知识，提取对创新研发有启发作用的知识不全面。笔者在参考总结前人文献的基础上，针对专利文献中蕴含的有助于创新设计的知识进行分析，构建专利知识结构模型，在实体识别和实体关系抽取两项任务中引入深度学习神经网络模型，克服传统方法的缺点，最终实现专利知识的有效提取。

一、专利知识提取服务框架

随着专利数量的日趋庞大，有关人员需要花费大量时间阅读和分析专利文献，获取专利中蕴藏的设计知识，这与如今快节奏时代的高效率目标存在矛盾。因此，需要有一种方法，能使计算机自动提取专利中的知识。笔者基于润桐、soopat等专利检索网站中的中文专利文献，研究从摘要等非结构化数据中提取与产品设计相关的功效、原理、结构知识的方法，并对专利文献进行知识建模，分为摘要、说明书等专利内容和公开号、申请人等专利属性，从专利内容中提取结构、原理、功能知识。基于深度学习相关算法模型，实现实体识别和实体关系抽取两大任务，进而完成专利知识的提取。

专利数据源主要选择润桐、智慧芽、中国知网等常用专利检索网站，并从中获取专利数据。在专利知识建模部分，主要根据专利文献的撰写规律归纳出专利中蕴含的功效、原理、结构三类知识，并分析其特征。在基于深度学习的实体识别模块中，通过算法模型对专利领域实体进行识别。在实体关系抽取部分，使用BERT语言预训练模型，通过分类原理进行实体间关系的识别。基于抽取出的实体和实体关系，以实体—关系—实体的形式表示专利知识，并与专利属性一同存入专利知识库。

二、基于深度学习的专利知识提取

笔者主要通过解决识别专利文本中承载知识的实体和抽取实体之间关系的两项任务来完成专利知识的提取。通过对专利文本中的知识结构进行建模，分析专利中的实体类型及实体关系，引入深度学习算法模型，使计算机能够自动识别实体和抽取实体关系。采用深度学习方法，克服了采用传统自然语言处理方法提取文本特征不能很好地表征文档语义、语法，容易丢失有用信息的缺陷。应用深度学习方法，还可以获取更优良的文本特征。

（一）专利知识建模

笔者主要针对机械产品的发明和新型实用专利进行研究。发明和新型实用专利文献中包括公开号、申请人等描述专利属性的信息，在导出或提取后通常是可以直接储存和应用的结构化数据。标题、摘要、权利要求书等是具体描述专利内容的文本，其中蕴含着最主要的专利知识。标题表述产品或产品组件名称。摘要是对专利全文的概括性描述，主要涉及功效、结构、原理等内容。权利要求书对所需法律保护的结构进行具体说明。说明书对产品设计的背景、功效、结构、原理等进行具体描述。

专利说明书的内容虽然具体，但是过于繁琐冗杂，权利要求书只描述产品的结构，摘要则在很大程度上保留专利涉及的主要知识，而且容易获取。基于此，笔者选择摘要来提取专利中的相关知识。专利的功效知识包含专利所能达到的功能效果，反映产品设计的需求和目的，如降低噪声、延长使用寿命等。原理知识指达到专利所述功效的步骤或方法，如红外感应、紫外线杀菌等。结构知识描述产品的结构组件、结构组件的零部件，以及它们之间的关系。笔者通过对专利文献进行分析，将其中的知识表示为实体—关系—实体或实体—属性—属性值，并以节点—边—节点的形式构建专利知识结构模型。此模型包含了专利的基本属性、结构、原理、功效实体，结构与结构之间的相对关系，如连接关系、作用关系等，以及原理与功效之间存在的实现关系。

（二）实体识别

对机械产品专利知识结构分析建模后，需要对模型中提到的实体和实体之间的关系进行识别抽取。实体识别指从专利文本中识别出表示功能、结构、原理等知识的领域实体，如从专利文本"本实用新型提供一种电动牙刷，包括刷头、刷柄和刷柄座"中识别电动牙刷、刷头、刷柄、刷柄座等表示结构知识的系统和零部件名，作为结构实体。笔者引入双向长短期记忆神经网络模型和条件随机场模型，通过序列标注的方式对专利领域实体进行识别。用双向长短期记忆神经网络模型和条件随机场模型实现实体识别时，按照实体特征采用标签标注一部分数据，模型经训练学习实体的特征后不断调整参数，使训练后的模型针对专利文本能自动计算出对应的标签序列，结合标签找出实体。为提升模型的实体识别性能，笔者在模型上游任务中引入 BERT 语言预训练模型进行预训练词向量。

确定专利文本的领域实体类型。专利文本的领域实体包括三部分：零部件名；形状构造，如电机、齿轮、凹槽等结构实体；描述实现功效的功效实体，如清洁效率、寿命等。通常在发明专利中会涉及原理知识，可以提取描述原理的术语作为原理实体，如紫外线杀菌、太阳能充电等。

第三节　计量技术在机械产品检测中的应用

在当今社会经济的不断发展之中，机械制造行业也得到了良好的发展，而随着越来越多的机械产品涌向市场，一些机械产品的质量问题也越来越突出。所以，在当今的机械产品生产过程中，产品的质量检测已经成为一项关键的内容。因此，将计量技术应用到机械产品的生产之中，不仅可以进一步提升机械产品的生产质量，也可以有效保障机械产品应用的安全性。这对机械产品行业的发展及当今时代社会经济的发展都十分有利。

一、我国机械产品的生产现状分析

（一）产品精度得不到有效控制

在当今的很多机械产品生产企业之中，无论是产品的设计还是产品的加工，在精度方面的控制都存在着很大的不足。在实际的设计与生产过程中，模具的老化、温度的变化及道具的老化等问题都普遍存在，这对机械产品的加工精度及产品的生产质量都将造成严重的不利影响。随着当今机械行业的不断发展，各种的机械设备对机械产品加工技术方面的要求也越来越高。所以，就目前的情况来看，很多的机械产品生产企业都需要在精度控制方面做到进一步的提升。

（二）零构件的问题比较突出

在机械产品的生产之中，零构件的质量对其使用性能及使用寿命都有着决定性作用。因此，生产企业应该对零部件的材质、耐磨性能及传感性能等加以全面重视，这样才可以保障机械产品的生产质量。但是在实际进行机械产品的生产与制造过程中，很多生产企业为了实现自身利益的最大化，就会选择价格较低、质量较差的零部件，这样的情况不仅会严重影响到机械产品的质量，也会对生产企业长远的利益与发展造成十分严重的不利影响。

（三）润滑剂的使用不规范

在机械产品的生产与加工过程中，合理使用润滑剂不仅可以起到良好的润滑作用，也可以达到很好的冷却作用。因为机床会长时间处于高速运行的状态之中，所以在摩擦作用下，设备和构件的温度也都会上升，此时，合理应用润滑剂就可以达到良好的降温效果。但是很多机械生产企业在实际的工作之中都不能对润滑剂进行合理应用，这样的情况不仅难以发挥出润滑剂的作用，甚至会对产品质量和性能造成不利影响。

（四）质量检测意识的不足

很多机械生产企业都将经济利益的提升作为最大的经营与发展目标，所以在实际的生产之中就会尽最大限度来节约成本，并尽最大可能提升工作效率，这样的情况就会让企业忽视产品的质量检测，进而让生产的产品出现很多质量问题。这样不仅会造成企业的经济损失，也会影响到企业的声誉，这对企业的长远经营和发展都十分不利。

二、机械产品检测之中计量技术的应用分析

随着近年来市场对机械产品质量要求与精度要求的不断提升，计量技术已经在机械产品的检测之中得到了广泛的应用。这种技术主要是将计量仪器作为基础，按照操作过程中的实际要求来进行测算。将计量技术应用到机械产品的检测之中，不仅可以将相关的参数信息准确提供出来，也可以让机械产品生产过程中存在的问题得以及时发现和及时解决，在检测过程中，该技术有着极高的精准度和检测效率，因此在机械行业的产品检测之中十分适用。众所周知，在机械生产行业的经营与发展之中，产品的质量将会起到关键性的作用，只有让机械产品的质量得以有效保障，才可以进一步促进机械生产企业乃至行业的良好发展。所以，在机械产品的生产之中，相关企业一定要对计量技术加以合理应用，通过这一技术来提升产品的质量，推动企业经济实现最大化的发展。

（一）科学选择仪器设备

随着当今市场对机械产品质量要求的不断提升，在机械产品的生产之中，企业也应该进一步提升自身的管理水平，通过合理的仪器设备来测量和控制机械产品的质量。因为外部的环境会对机械产品检测工作产生直接的影响，所以，检测设备的合理选择对机械产品的检测效果和质量保障都有着关键性的作用。在现在所常用的几何计量计算仪器之中，主要包括游标卡尺、光伏干涉仪和线位移动光栅尺等设备，每一种设备都有着其自身的独特优势。因此在进行机械产品的检测之前，机械生产企业应该根据实际的需求和设备特点来合理选择检测设备，这样才可以保障检测的顺利进行，并保障检测结果的准确性。

（二）注意检测操作

由于机械产品有着十分广泛的使用范围，所以检测的偏差可能会对其使用效果甚至安全性造成很大的影响。因此在实际进行机械产品的检测过程中，技术人员应该严格根据相关的标准进行操作，并构建起一个和谐的机械产品检测环境，这样才可以实现检测效果的进一步提升。在检测之前的准备阶段之中，技术人员应该对检测设备的操作方法及相关的数据参数做到全面掌握，这样才可以为后续的检测工作奠定良好的技术基础。在检测的过程中，操作人员应该严格按照要求来设计刻度参数，并对检测设备的应用进行多角度的分析，这样才可以保障检测的科学性与合理性。

综上所述，在当今的经济社会之中，各种机械在各行各业之中得到了广泛的应用，因此，机械产品的生产和加工也就开始备受关注。尤其是当今市场上很多机械产品的质量问题不断出现，更是让人们越来越关注机械产品的质量。因此，在机械制造企业的生产与制造过程中，一项关键的内容就是控制好产品的质量。所以，很多机械生产企业都将计量技术应用到了机械产品的质量检测之中。通过对检测仪器的合理选择、对检测操作的合理控

制，使得机械检测效果得到了进一步的提升，进而有效提升了机械产品的生产质量。这对当今机械产品生产企业经济利益的提升和企业的良好发展都将起到十分积极的推动作用。

第四节　电子技术在轻工机械及产品中的应用

进入 21 世纪以来，科学技术的迅猛发展使得电子市场的竞争越发激烈，电子产品的品类越发丰富，满足了人们日常生产生活的需要。随着现代电子技术的不断发展，各类机械也开始广泛应用现代电子技术，提高了生产生活效率，促进了社会生产力的发展。在传统的电子技术应用中，主要将电子技术应用于电控装置、电气化自动控制等，这些应用拓展了电子技术的应用范围，但未能充分发挥出电子技术的优势。随着社会生产力的进一步发展，对现代电子应用进行探讨具有十分重要的现实意义。

一、现代电子技术发展研究

（一）现代电子技术的智能化发展

现代电子技术以控制理论为依据，将现代化的理论和综合学科融入其中，实现了电子技术的智能化发展。例如，将生理学、心理学、模糊控制、计算机科学及人工智能等学科融合起来，通过计算机智能技术进行智能模拟，使现代电子技术具备自主决策的能力；又如在轻工机械中，通过现代电子技术的智能化应用，能够使工业生产实现自主决策，能够对生产的全过程进行检测与控制，降低了故障率，减少了人力资源的支出，极大地提高了生产效率。

（二）现代电子技术的模块化发展

当前，现代化电子技术的应用领域越来越宽广，并且注重系统的集成性，通过集成系统将其分化为应用系统和电子系统等。虽然在研发过程中投入了大量的成本，但能够满足不同用户的个性化需求。将现代电子技术应用于集成管理和加工集成技术上，呈现出了模块化的特点。例如，现代电子技术应用于纺织机械中，通过微电子芯片的控制，能够制作出更为复杂的花纹，并且在生产花纹的过程中保持更高的效率，生产不同花纹时，通过替换模块，能够满足不同的生产要求。

（三）现代电子技术的人性化发展

现代电子技术在不断发展的过程中，逐渐体现出了以人为本的理念，确保电子产品能够更好地满足使用者的个性化需求，大多数产品在自动化控制程度上不断提高，并且注重经济性。例如，各类家用产品中，通过现代电子技术的应用能够优化其功能，注重用户的个性化体验。

（四）现代电子技术的网络化发展

互联网和信息技术的飞速发展使得现代电子技术拥有了新的发展方向。以互联网和信息技术为依托，现代电子技术通过计算机集成系统的控制，能够对企业的工业生产设备进行集成控制，为企业的生产提供了更多的便利，通过网络控制也实现了高效率的生产。

（五）现代电子技术的绿色化发展

传统的轻工业生产中，通过工业生产为社会创造更多价值，促进了社会生产力发展的同时带来了较为严重的环境污染。在当前，随着绿色环保的理念不断深入人心，现代电子技术在发展的过程中体现出了绿色化的特点，在产品设计、生产的过程中考虑到了可持续发展的理念，使电子技术能够最大限度地利用现有的资源，并且减少对环境的污染。例如，在轻工业和纺织机械使用过程中，通过现代电子技术的应用能够对生产过程中产生的废气排放物进行监测，对其处理达标后再排放，体现了绿色环保的发展理念。

二、我国电子技术的现状及发展

电子技术产生于 19 世纪末，发展于 20 世纪初，是近现代科学发展的重要标志，现代电子技术研究电能形态的各种转换控制与分配，也包括传输和应用。现代电子学科的研究成果涵盖了各类电子设备、数字信息通信系统等，近年来，随着社会生产力的不断发展，现代电子技术的理论水平和实际应用快速发展。当前，我国的现代电子技术发展与发达国家相比还存在着一些差距，相关的产业布局及产业规模都存在着一些问题，同时，相关的技能人才较为缺乏，难以推动现代电子技术的发展。因此，只有不断加强现代电子技术的应用研究，培养优秀人才，才能不断提高现代电子技术的应用水平。当前，我国的现代电子技术广泛应用于轻工业等行业。

三、现代电子技术的具体应用研究

（一）在日常产品中的应用

人们生活水平的不断提高及现代电子技术的不断发展，推动了移动智能终端设备的普及，日常生活中越来越多的智能产品被广泛应用。现代电子技术在日常生活中的应用推动了家居的智能化和便利化，智能家具的出现显示出了现代电子技术在机械中的应用。

例如，基于现代电子技术的智能鞋柜、智能电视柜及各种智慧家居等，智能家具将传统的家具工艺生产与现代电子技术、现代信息技术、通信技术及加工技术等各类先进的技术进行结合，提供了更加智慧化的服务，为用户提供了更为便利的智能生活。随着技术的不断普及，传统家居的各种智慧化功能大规模地应用于日常生活中。

不仅如此，卧室中的镜子通过现代电子技术的加持，成为一位高级的"美容师"，将高清录像机应用于卧室的镜子中，能够辨别用户的肤色，根据用户的皮肤状况推荐相应的护肤品和化妆品，并且与医疗数据库结合，使用户能够随时随地检查自己的心率、血压、体重等各类生理健康数据，使用户能够更加关注自己的健康。总之，将现代电子技术应用于日常生活中能够使生活更加便捷、舒适。

（二）在工业领域的应用

工业领域中，尤其是轻工业中，现代电子技术的应用前景广阔。例如在纺织机械设备中，如果纺织机械的纺丝速度达到一定程度时，会产生较大的噪声，工作人员长期处在这样的噪声环境中，必然会对健康造成较大的损害。针对这样的现状，应用现代电子技术能够实现纺织机械设备的遥控控制，通过遥控控制，能够使工作人员对纺织机械进行远程控制，这样的方式降低了噪声环境对工作人员的危害；将无接触式传感器应用于纺织机械中，通过光电式传感器将纱线振幅转换为电子信号，通过集成电路转换，由程序控制，对纺织机械中的各类操作指令进行控制，从而实现筒子更换、纱管插放、筒子传输等一系列操作的自动控制，实现了自动化的机器管理。

以传统的食品包装机械为例，传统的食品包装机械结构较为复杂，在现代化发展的过程中，传统的食品包装机械难以适应现代化发展的需要。因此，将现代电子技术应用于食品包装机械中，通过建立食品包装机械故障诊断和监控系统，能够及时发现设备在工作中出现的各类故障，还能够对发生故障的原因进行分析，为技术人员提供更多的数据和信息支持，帮助技术人员更好地处理食品包装机械中出现的各类故障。通过智能的正向和反向推理结合，可以及时帮助技术人员发现设备出现的问题，并快速解决故障。企业也能够利用网络技术对各类机械进行远程监控及故障诊断，通过现代电子技术的应用实现机械自动控制，能够自主排除一些机械故障，因此能够减少人工参与，这样的方式能够使食品包装机械在生产过程中减少因人工干预而发生的污染，确保了食品的卫生安全。同时，借助现代商用网络，设备制造商能够对异地的生产线进行监控、诊断及修改，提高了设备生产企业的竞争力。

随着社会的不断发展，现代电子技术的应用领域越来越广泛，并且呈现出了智慧化、智能化、模块化、人性化、网络化、绿色化的发展特点。其在日常产品中的应用，使人们的家居生活更便捷、舒适；在轻工业中的应用，能够通过全过程的管理与自动控制，降低人力资源的支出，避免工作人员进入恶劣的工作环境，体现了现代电子技术人性化的发展特点；在设备故障诊断中的应用，减少人工参与，保证食品包装机械生产的产品在生产中没有人为接触和污染，体现了以人为本的设计理念。可以预见的是，在未来随着社会生产力的进一步发展，现代电子技术的应用领域必将更为广泛，同时也能够通过技术的应用不断地改变人们的生活。

第五节　三维建模技术在机械产品设计中的应用

当前我国工业发展迅速，传统的机械设计理念的应用已经无法与工业的整体发展步伐相吻合，将三维建模技术的应用理念与机械产品设计工作的开展进行有效结合，可对机械产品的高科技性进行有效保障，并且进一步提升所设计的机械产品的整体品质，进而促使我国的工业获得更加广阔的发展空间和更加理想的发展前景。

一、实现三维技术的应用与机械设备的设计工作开展相结合的重要性

传统的机械制造技术的开展，主要是进行二维技术的应用，所设计出的机械设备的功能较为单一，无法实现当下高速发展的工业需求的真正有效供应。在我国机械行业全面发展的同时，对具有高品质、高运行效率的机械产品的需求度也在逐步提升，而三维建模技术的应用则可以满足这一需求。实现三维技术的应用与机械设备设计工作的结合，对传统的二维机械设计平台进行改良，可以推动机械设计理念的应用实现自身的进一步改革。同时三维建模技术的应用也可以有效地提升机械设计工作的整体开展效率，缩短机械整体设计工作的开展所需要消耗的时长，更加及时地为我国的工业整体发展进行所需的供应。因此三维建模技术的应用，实现了机械设计理念的进一步革新，对我国机械工程的整体发展有重要意义。

二、三维建模技术在机械产品设计中的应用方法研究

开展结合三维建模理念的机械产品设计工作的流程不仅是通过三维建模技术的应用实现机械产品设计技术的提升，也是根据机械部件的整体运行模式，进行机械部件的设计理念和设计方案的进一步优化，实现三维建模理念与机械产品设计工作开展的有效结合。首先应当进行图纸设计模式的改革，在进行图纸设计和机械设计理念的拟定的过程中，应当尽可能地实现机械设计制造工作的全面开展，同时在进行三维建模理念应用的过程中，工作人员应当尽可能地提升在设计过程中建模理念所应用的科学性。在建模理论的指导下，进行自身设计水平的不断完善，进而实现设计工作开展进程中的设计特点改进，同时通过三维建模理念的应用，可以实现机械设计工作开展的动态仿真性的提升，有效地实现了传统机械设计理念的全面改良，同时实现了对新技术和新材料的有效应用，进而实现机械部件安装和调配模式的全面改良。

进行三维建模技术在机械产品设计中的应用方法研究，根据三维建模技术的应用特点，

主要可以将研究方向拟定为三维建模技术中的 UG 功能技术应用研究、三维建模技术中的斜齿轮技术应用思考两点，具体的研究内容可以总结归纳如下：

（一）三维建模技术中的 UG 功能技术应用研究

UG 的公式曲线功能绘制的渐开线是非常精确的，UG 为三维建模技术应用进程中最常用的技术软件，由于其应用的整体性能较为理想，因此当下这一软件的应用范围较为广泛，应用频率也相对较高，应用在航空领域、机械制造领域都发挥了重要的作用。UG 三维建模技术的应用具有快捷性，同时其整体应用所具有的优势也不容忽视。这一建模软件的应用，使得机械设计工作实现了实体建模、特征建模及参数建模等各项工作的全面开展。

（二）三维建模技术中的斜齿轮技术应用思考

进行三维建模技术中的斜齿轮技术应用思考，主要可以将研究内容拟定为斜齿轮建模技术的应用、斜齿轮参数理念的应用两点，具体的研究内容可以总结归纳如下：

1. 斜齿轮建模技术的应用

斜齿轮建模技术的应用，可以实现对机械设计的参数拟定工作精良性的进一步有效提升。斜齿轮的表面轮廓呈现曲线状，并且其整体走向为标准的渐开线，为了确保斜齿轮建模工作开展的精确性，渐开线走向无法应用样条开线走向进行替代。在进行斜齿轮建模技术的应用的过程中，经过具有特征加入全面的齿轮外部曲线的建立，结合 UG 软件的应用及相应的直角坐标系的绘制，可以实现机械设计工作开展进程中的各项设计参数方程的有效建立，进而有效地保障设计工作整体开展的精良性。三维实体建模的过程，主要是计算机设计人员通过计算机网络的应用，有效地实现机械部件制造模式的全面改良，同时应用三维建模的测试系统，实现机械各个零件尺寸的设计及三维机械的整体开展工艺的有效编程，进而实现零件的最终调试和有效组合。

在进行斜齿轮建模技术的应用的过程中，首先要选择菜单表达栏目中的对话框，并且有效添加斜齿轮的各项参数。例如，压力角度、各类圆的直径、齿轮宽度、螺旋角等数据需要添加入对话框当中。同时根据这一参数进行机械设计草图的绘制，进而实现机械部件的逐步设计。在产品的工艺装配工作开展进程中，装配人员需要开展工艺的设计和研究，并且对研究工作的整体开展模式进行进一步的改良，尽可能实现机械制造的标准化产品设计，同时在进行三维建模技术应用的过程中，设计人员应该考虑到机械三维设计模型与实体转化之间的差异，在机械建模工作的开展进程中，根据机械设计工作的整体开展具体所需，对设计工作开展模式进一步进行有效的细化，确保三维建模技术在机械设计工作开展进程中的应用具有较为理想的针对性。同时在产品生产尺寸控制的过程中，应该对零部件数控加工代码进行反复调试，确保 CAX 集成数据收集成功。

2. 斜齿轮参数理念的应用

在开展斜齿轮设计工作的过程中，可以根据机械工作的具体开展所需，进行斜齿轮参数拟定经验的有效调整，在原有的数据模型上进行设计理念的进一步改良，进而实现参数多样化的斜齿轮的获取，有效扩展机械设计工作的开展范围，这一流程的操作需要机械设计人员对斜齿轮的各项参数具有明确的认知，进而可在新型机械的设计过程中对斜齿轮各项参数的及时修改。

三模建模技术应用的全面推广，在实现机械设计技术全面改良的同时，也实现了三维设计软件整体应用范围的不断推广，同时保障了机械产品传统设计模式的全面改革。三维建模理念的设计与生成，可以有效提升所设计机械的仿真性，并且可避免在机械应用进程中产生错位现象。三维建模设计工作的开展进程中，对实体编辑模块进行后期调试和必要修改，可以实现机械设计工作开展进程中的机械分配。同时对节点坐标的采集和分配，可以保障三维模型的基础模型和几何特性与三维设计工作整体开展所需更加吻合，确保了三维建模应用下机械表达模式的科学性。

进行三维建模技术在机械产品设计中的应用，首先应当明确实现三维技术的应用与机械设备的设计工作开展相结合的重要性，进而开展三维建模技术在机械产品设计中的应用方法研究。随着三维建模技术的逐步成熟以及机械设计制造行业的逐步发展，当下三维建模技术的应用已经实现了与机械设计制造工作开展的有效融合。机械产品设计理念的革新，无疑可以为社会的整体发展和运作带来新道路，实现我国高科技的长久的、可持续性的发展。

第六节　机械产品设计制造中开放式循环系统的应用

随着社会的发展，对机械产品设计和制造的质量要求也越来越高。这种情况下，传统的设计制造模式已经无法满足需求，开放式循环系统作为一种自动化设备，有效保障了机械产品设计和制造的质量，并在此基础上提升了机械产品设计和制造的效率，提高了机械制造业的整理质量，提高了企业的经济效益。

一、传统机械产品设计与制造模式

以往，我国经济在发展中呈现出粗放型的经济增长模式。在这种粗放型经济增长模式下，我国机械产品设计和制造的过程中也具有明显的粗放性，具体表现在：资金、设备、厂房等资源消耗量较大，且所生产出的产品质量较低，难以满足客户对质量的需求。随着经济的进一步发展，粗放型经济发展模式的弊端日益暴露，逐渐转变为集约式的生产模式。机械产品设计和制造模式也随之改变，逐渐向集约式发展。

这一产品设计和制造模式的改变，不仅提高了产品的质量，也在一定程度上减少了资源的浪费。例如，在某产品设计和制造的过程中，在粗放型的生产模式下，材料、薪资、设备的浪费情况分别为236、178、82，但在集约型的生产模式下，材料、薪资、设备的浪费情况分别为199、158、78。

二、开放式循环应用模式

（一）开放式循环系统

随着经济增长方式的改变，机械产品的设计制造也逐渐过渡到集约型的阶段。因此，必须要对传统的机械产品设计和制造模式进行转变。在这种背景下，机械产品设计和制造的开放循环系统应运而生。

所谓的开放循环系统，主要是指一种自动化的设备，将其应用到机械产品的制造和加工过程中，改变了传统机械的产品设计和制造方法。在开放循环系统模式下，企业在进行机械产品设计和加工的过程中，依据产品生产的实际情况，选购合适的自动化设备，充分利用其自动化系统的性能，设计出一种智能化的制造模式，以减少机械产品设计和生产过程中的资源浪费，并提升产品的质量，从而达到提升机械企业经济效益的目的。

（二）开放式循环系统的特点

与传统的机械产品设计和制造模式不同，开放性循环系统的应用具有三个明显的特点：（1）开放性。这是开放性循环系统最为显著的特点。传统的机械产品设计和制造模式常常将经济收入放到第一位，而忽视了产品的质量和性能；开放式循环系统模式更加注重满足现代机械制造业的发展需求，并且蕴含了经济发展中的技术要素。同时，其发展路径也进一步拓宽，逐渐延伸到国外。机械产品设计和制造的过程中，开始以国际销售的质量作为主要标准，并以此为原则，实施开放式的加工制造策略，尽量将产品"做精、做细"。此外，开放式循环系统所采用的产品加工工艺也开始不断革新和调整，相关的设计和加工人员根据不同产品的销售情况，设计出与之相对应的产品，以达到满足采购方质量标准的目的。（2）经济性。在机械产品设计和制造的传统模式下，必须使用大量的原始物料，但生产出的产品不一定满足市场的标准，因此，机械制造业常常面临较大的亏损。在开放式循环系统中，制造业可以根据市场的不同需求，制定出不同型号、不同类型的产品，并且在设计和制造过程中，原始物料使用率降低，且生产质量提升，基本满足市场的需求。在这种情况下，大大降低了企业的亏损能力，提高了企业在国际市场上的竞争力。不仅如此，通过这一系统，企业还可以对其生产盈亏情况进行计算，从而对目前的生产方案进行优化和调整，以不断提升企业的经济效益。（3）循环性。企业在进行产品设计、制造的过程中，由于原料种类、设计和加工流程复杂，在开放式的循环系统中，可以对其剩余的原物料进行二次加工和处理，并进行循环利用，进而在很大程度上降低产品生产过程中出现的资源浪费现象。

三、开放式循环系统的应用

（一）设计模块

机械产品设计和制造的过程中，其质量要求相对较高，且品种繁多、功能不全、结构复杂，必须在前期经过严格的设计处理，选择出最佳的生产方案，才能确保产品的质量，并将其投入生产应用中。因此，在开放式循环系统中，主要是在设计模块内增加了虚拟现实、仿真的作业平台，在进行设计的过程中，只需要将产品的参数输入系统中，就可以针对产品的数据模型进行自动生成。在此基础上，设计人员可以根据产品生产制造的方案进行研究，最终得出最佳的制造方案。

（二）传输模块

在开放式循环系统中对虚拟现实、仿真的作业平台进行创设的时候，需要大量的数据对比和参考。而实现大量数据的传输必须借助于传感器。传感器可以将数据准确、无误地传递给生产人员，以便其及时调整加工计划，从而提升产品生产的质量。该系统中的传感器主要是指用户和虚拟环境之间的接口，通过该接口，可以接受用户的操作，并将其作用于虚拟环境中。同时，通过这一接口，还可以将操作的结果反馈给用户，使得用户对虚拟环境进行充分的感知。

（三）检测模块

开放式循环系统中，其自动化水平较高。在这一系统中，用户在操作过程中，必须对各种复杂的信息进行处理，尤其是对生产信息的检测，是不可缺少的一个环节。而通过该系统中的检测模块，可以对机械产品制造中的相关数据准确性进行有效的检测，基本上实现了"边加工、边检测"的模式，从而确保了产品的质量。

（四）控制模块

这是整个系统的核心，因为该模块对机械产品制造中的所有流程进行有效的控制，可以利用仿真、虚拟环境以应对用户操作，还可以将其反馈的结果，通过反馈模块，利用传感器，将其反馈给用户，并使得用户获得仿真体验。例如，在机械产品设计和制造的过程中，为了减少资源的消耗量，降低成本，可以充分利用虚拟现实和仿真平台进行加工。在这一过程中，只需要生产人员向虚拟系统发布操作指令，该系统就会自动选取不同的加工工艺，形成各种不同的加工方案。同时，还会将各种加工方案中的成本、消耗、难度等进行详细的对比，从而自动筛选出最佳的加工方案。

（五）反馈模块

开放式循环系统属于一种自动化设备，其中应用了先进的科学技术，如人工智能、计算机技术、电子科学技术、智能控制等。该系统在运转的过程中，不仅能够发挥传输、模拟、检测和控制等功能，还可以将产品设计和制造过程中遇到的问题进行有效地反馈，促进生产人员对其进行有效的解决和优化。

　　综上所述，在开放式循环系统中，通过自身的设计、功能、检测、控制和反馈等模块，加强产品设计和生产过程中的控制，提升了企业产品的质量和生产效率，促进了其产品设计和制造朝着"自动化、智能化、一体化"的趋势发展。

参考文献

[1] 尹瑞雪 . 基于碳排放评估的低碳制造工艺规划决策模型及应用研究 [D]. 重庆：重庆大学，2014.

[2] 乔建明 . 面向工艺信息化 CAPP 技术的研究 [D]. 西安：西北工业大学，2002.

[3] 全黄河 . 大型高压容器双锥密封系统数值模拟研究 [D]. 昆明：昆明理工大学，2010.

[4] 甄亮 . 整体多层夹紧式高压容器预应力研究 [D]. 广州：华南理工大学，2012.

[5] 徐长江 . 缩套式超高压容器的有限元及疲劳分析 [D]. 长春：吉林大学，2013.

[6] 王海澜 . 双金属复合板材辊式矫直计算模型建立及研究 [D]. 太原：太原科技大学，2014.

[7] 李乐毅 . 高强度中厚板辊式矫直方案研究 [D]. 太原：太原科技大学，2014.

[8] 贺杰高 . 三维机械 CAD 系统的二次开发技术及在风机设计中的应用 [D]. 兰州：兰州理工大学，2013.

[9] 任燕平 . 机械产品开发三维 CAD 系统建模及关键技术应用研究 [D]. 昆明：昆明理工大学，2011.

[10] 吴文根 . 基于 Solid Works 的产品设计专用系统的研究与开发 [D]. 武汉：武汉理工大学，2012.

[11] 随金庆 . 数码测量技术在现代家具设计中的应用 [D]. 南京：南京林业大学，2008：48-56.

[12] 杨琳 . 球头铣刀铣削淬硬钢模具铣削力及模具加工误差研究 [D]. 哈尔滨：哈尔滨理工大学，2017.

[13] 赵春光 . 微小研抛机器人运动与加工系统研究 [D]. 长春：吉林大学，2009.

[14] 曹俊华 . 基于 DYNAFORM 软件的冲压模具数字化修复技术 [D]. 南昌：南昌大学，2013.

[15] 范文健 .CN100 汽车车身冲压模具开发并行工程研究 [D]. 南京：南京理工大学，2011.

[16] 袁荣娟 . 先进制造技术与机械制造的工艺若干分析 [J]. 装备制造技术，2014，18（12）：235-237.

[17] 王聪 . 先进制造技术与机械制造工艺分析 [J]. 黑龙江科学，2017，8（10）：32-33.

[18] 李晓钟. 浅析机械制造的智能化技术发展趋势 [J]. 科技与企业，2011，23（15）：16-18.

[19] 刘胜志，朱钟炎. 产品语义学和产品设计 [J]. 包装工程，2006，27（1）：182-184.

[20] 杜镰. 论产品人性设计与人机设计的关系 [J]. 包装工程，2007，28（6）：123-125.

[21] 黎燕.《化工制图》课程教学改革初探 [J]. 广东化工，2013，22（40）：144，121.